Catherine Delvaux
Illustrationen Maëlle Le Toquin

PERMAKULTUR
MONAT FÜR MONAT

Nachhaltige Prinzipien
in jedem Garten
erfolgreich umsetzen

Aus dem Französischen
von Sabine Hesemann

DAS JAHR IM PERMAKULTUR-GARTEN

VORWORT

Permakultur – dieses Wort wird zunehmend häufiger verwendet – hat besonders den Alltag jener Menschen erobert, die sich für Gartenbau und Lebensmittelanbau interessieren. Manche verstehen darunter eine Vielzahl von Techniken und tauglichen Praktiken, um den eigenen Garten auf eine gute Art und Weise anzulegen. Das ist ein richtiger Ansatz, doch eine solch eng gefasste Definition wird der Sache nicht gerecht.
Die Permakultur geht viel weiter. Sie nimmt sich eine sehr alte Dame zum Vorbild, deren Alter man nicht einmal genau kennt (höchstwahrscheinlich 4 Milliarden Jahre): Mutter Natur. Mutter Natur hat eine hervorragende Arbeit in Sachen Freilandversuche, Entwicklung und Erfahrungen geleistet, die uns nur von Nutzen sein kann. Die Natur hat es schon bewiesen – sie ist ausdauernd. Sie verschwendet so gut wie nichts, nutzt die Energie maximal, verwendet ihre Abfälle wieder, hat gelernt flexibel, anpassungsfähig und erfinderisch zu sein – und sie produziert reichlich. Permakultur ist nicht mehr und nicht weniger als das Erkennen dieser exzellenten Arbeit und die praktische Umsetzung der Grundprinzipien im Dienste der gesicherten Lebensmittelversorgungen in unserer Gesellschaft.

Doch mit einer immer wieder und x-fach auftauchenden Vorstellung von Permakultur muss an dieser Stelle aufgeräumt werden: Es handelt sich nicht um eine Methode zu einer Gemüseproduktion der Superlative. Der Mythos der ständig überreichen Produktion hält sich hartnäckig. Natürlich verkauft sich das gut. Völlige Autarkie ist jedoch nicht möglich, vor allem nicht für die Mehrzahl der Gärtner. Stets fehlen uns ein paar Quadratmeter, einige Anbautechniken oder Maschinen, um Getreide – die Grundlage unserer Ernährung – zu produzieren. Alljährlich 10 Doppelzentner Brotgetreide zu produzieren gehört nicht zu den Aufgaben eines simplen Gärtners. Wir brauchen Mitspieler in der Gesellschaft, um alle Bedürfnisse zu decken. Zusammenarbeit und gegenseitige Unterstützung sind zwei Schlüsselelemente für das Funktionieren allen Lebens … und der Permakultur.

Das System der Permakultur annehmen heißt Monat für Monat konkret daran zu arbeiten. Es bedeutet, man geht zu überlegtem Konsum über – keine Tomaten im Januar oder Erdbeeren im Dezember. Man akzeptiert, im Winter Wurzelgemüse zu essen und im Sommer Zeit auf das Konservieren der Ernte zu verwenden. Es bedeutet Wiederverwendung statt Wegwerfen, die Gewohnheiten und den eigenen Gartenbau in Frage zu stellen, also im weites-

ten Sinne den Konsum und die Lebensweise auf den Prüfstand zu stellen. Diese Rückkehr zum gesunden Menschenverstand ist weder romantisch noch allzeit angenehm. Das ist der Preis für die Zufriedenheit mit einem klügeren Leben, ohne weitere Zerstörung unserer Umwelt und der künftig für unsere Kinder und Kindeskinder nötigen Ressourcen. Außerdem muss man betonen, dass Regionalität ein wesentlicher Aspekt der Permakultur ist. Über diese Grundlagen hinaus lässt sich Permakultur nicht präzise definieren: Jeder kann also den eigenen Garten an die regionalen, örtlichen oder familiären Besonderheiten anpassen.

Permakultur ist weder Zauberei noch Schwindel: Ihre Stärke liegt darin, dass sie ebenso auf Wissenschaft und Ökologie, Ackerbau, Ökonomie, Bodenverbesserung, Umweltwissenschaften basiert wie auf dem tradierten Wissen unserer Vorfahren auf allen Kontinenten. Damit bietet sie effiziente Systeme der Produktion unter Rücksichtnahme auf den Planeten und alles Leben, heute und in der Zukunft.

Dieses Buch möchte ein Leitfaden und Ausgangspunkt sein für diejenigen, die sich für einen anderen ökonomisch gangbaren Weg interessieren.

JANUAR

6 Minuten mehr. Diese Tageslichtlänge hat man am ersten Januar im Vergleich zum kürzesten Tag am 21. Dezember hinzugewonnen. Und diese 6 kostbaren Minuten machen einen immensen Unterschied aus. Sie lassen uns Lust verspüren, im Boden zu wühlen, einen neuen Anbaukreislauf zu beginnen. Am 31. Januar werden wir 1 Stunde und 9 Minuten hinzugewonnen haben! Was man in 69 Minuten alles machen kann! Man kann pflanzen, säen, den Gemüsegarten jäten, schneiden und sogar Lauch ernten ... Und das Schöne am Gärtnern: Jedes neue Jahr ist eine Premiere!

ARBEITEN IM GEMÜSEGARTEN

Ausgangspunkt für alles

Zeichnen Sie einen Plan Ihres künftigen Gartens (s. Seiten 16–17).

Für Kälteschutz sorgen

- Verteilen Sie um die noch im Beet stehenden Gemüse eine Schicht Laub.

Noch zum Essen

- Ernten Sie Wintersalate, die Sie unter Glas eingesät haben, und Feldsalat. Chicorée ist 3–6 Wochen nach Beginn der Treiberei erntereif.
- Ernten Sie Lauch und in wintermilden Gegenden auch Spinat.
- Pflücken Sie den letzten Rosenkohl von den Strünken.

Aussaat – unter Glas oder im Haus!

- Säen Sie Kerbel auf der Fensterbank, diesen im Februar pikieren.
- Säen Sie Blumenkohl im Haus (bei 15 °C), im Februar pikieren.
- Säen Sie Ende des Monats Batavia-Salat (Ende Februar pikieren) im Haus. 'Dorée de Printemps' z. B. wird von Januar bis August gesät und keimt bei 14–15 °C.
- Säen Sie Ende Januar Frühlingssalate im Frühbeet: 'Barcelona' und 'Reine des Glaces' sind 2 Monate nach der Saat erntereif.
- Säen Sie im Frühbeet auch bereits Möhren, Radieschen und Dicke Bohnen.
- Säen Sie Barbarakraut (Frühe Winterkresse, *Barbarea verna*) ins Frühbeet. Diese Zweijährige aus der Familie des Kohls hat einen scharfen Geschmack, ausgeprägter als bei Brunnenkresse (*Nasturtium officinale*), doch sie ist interessant für Mischsalate und vor allem reich an Vitamin A, B, C und E sowie Mineralien (Kalzium, Eisen, Jod, Magnesium, Mangan, Phosphor, Zink und Schwefel).

Kohlsaat: Säen Sie doppelt so viel wie Sie benötigten.

Barbarakraut hat eine kegelförmige Wurzel, die vertikal wächst. Lockern Sie das Substrat vor der Saat gut auf.

Gartenkniff Samen

Gefrieren Sie die nicht benötigten Samen ein, damit sie nicht verderben. Achtung beim Auftauen, man muss alle auf einmal säen, weil man sie nicht erneut tiefgefrieren kann.

Der Mensch produziert ca. 500 l Urin pro Jahr, womit man 170 m² düngen könnte.

Pro und Kontra

URIN IM GARTEN

Ein neuer Trend zeichnet sich ab: anfallenden Urin im Garten wiederzuverwenden. Im Großen und Ganzen eine logische Idee, in der Praxis aber etwas komplizierter.

Pro

- Urin ist ein stickstoffreicher Flüssigdünger. Er enthält außerdem Phosphor, Kalium, Schwefel und Spurenelemente. Alle diese Nährstoffe werden von Pflanzen gut aufgenommen.
- Urin stimuliert die Abwehrkräfte des Pfirsichbaums gegen die Kräuselkrankheit.
- Ein Abfallprodukt wird aufgewertet.
- Man hat einen kostenlosen und erneuerbaren Dünger.
- Durch Recycling von Urin im Garten wird Spülwasser der Toiletten gespart.

Kontra

- Urin ist in der biologischen Landwirtschaft verboten, weil er mit schwer entfernbaren Inhaltsstoffen angereichert sein könnte (Hormone, Medikamentenrückstände).
- Er ist schwer zu dosieren, die Zusammensetzung unterscheidet sich von Mensch zu Mensch und ein Stickstoffüberschuss begünstigt Pflanzenkrankheiten.
- Die Vorstellung von Speisegemüse mit Urin im Gießwasser kann sehr unappetitlich sein.
- Wenn man nicht die ganze Zeit im Garten lebt, ist es schwierig. Und für Frauen wäre es noch komplizierter.
- Man könnte auch die Verbreitung von Krankheiten fürchten. Mögliche Pathogene lassen sich jedoch zerstören, indem man den Urin 6 Monate unter Licht- und Wärmeabschluss lagert (Jauchegrube).
- Man muss zwischen letzter Düngung und Ernte 1 Monat verstreichen lassen.

Der Kompromiss

Wenn Sie Urin wiederverwenden wollen, verteilen Sie ihn in kleinen Mengen direkt auf dem Kompost. Der Stickstoff beschleunigt die Zersetzung und ist mild. Möglicherweise vorhandene Pathogene werden zerstört und das Risiko der Überdosierung verringert sich. Es muss jedoch die Düngeverordnung (DüV-2020) beachtet werden, wonach maximal 170 kg Gesamt-Stickstoff (N) pro ha und Jahr ausgebracht werden dürfen. Auf den Gemüsegarten übertragen bedeutet das 17 g N pro m². Das wären maximal 3 l Urin pro m² im Jahr.

Die Römer – die ersten in der Permakultur

In der römischen Antike war ein Anwesen in verschiedene Zonen aufgeteilt. Es gab das Haus (*domus*), die Gärten (*hortus*), die beackerten Felder (*ager*), das nicht bebaute, als Weiden genutzte Land (*saltus*) und den Wald (*sylva*). Historisch gesehen war *saltus* unverzichtbar für das Mischkonzept von Ackerbau und Viehhaltung. Es trug zum Erhalt der Bodenfruchtbarkeit bei: Auf den von Haustieren beweideten Flächen wurde Biomasse gesammelt und dann auf den kultivierten Parzellen verteilt.

Veilchenarten gedeihen sehr gut unter Hecken auf jeglichen Böden, ausgenommen sind sehr saure oder sehr nasse Flächen.

Die Pflanze und ihr Insekt

VEILCHEN UND KAISERMANTEL

Veilchen (u. a. *Viola riviniana*, *V. canina*, *V. odorata* und *V. reichenbachiana*) sind die Futterpflanzen des Kaisermantels (*Argynnis paphia*), eines großen orangefarbenen Tagfalters mit schwarzem Muster, der in Wäldern und Gärten mit Baumbestand vorkommt. Seine Raupe ernährt sich ausschließlich von Veilchenblättern. Die Weibchen legen ihre Eier eines am anderen auf die Rinde von Bäumen in der Nähe eines Veilchenteppichs. Die Raupen schlüpfen im Spätherbst und überwintern in einem Seidenkokon. Im März wandern sie zu den Veilchen und verpuppen sich. Die kastanienbraunen Raupen sind fast 4 cm lang und man erkennt sie leicht an den beiden parallelen, gelben Rückenstreifen und den hellbraunen Stacheln, wovon das Paar auf dem Kopf wie Antennen aussieht. Veilchen beherbergen außerdem weitere Schmetterlinge wie Veilchen-Perlmuttfalter (*Boloria euphrosyne*), Braunfleckiger Perlmuttfalter (*Boloria selene*), Magerrasen-Perlmuttfalter (*Boloria dia*), den Feurigen Perlmuttfalter (*Fabriciana adippe*) und den Großen Perlmuttfalter (*Speyeria aglaja*).

Man erkennt den Kaisermantel unter anderem an den 4 parallelen Linien des vorderen Flügelpaares.

Erdnüsse (ungesalzen) enthalten 50 % Fett.

Ideale Bedingungen für Lageräpfel sind 10 °C, lichtgeschützt und auf Abstand.

ARBEITEN IM OBSTGARTEN

Hilfe für die gefiederten Freunde

- Füttern Sie die im Obstgarten so nützlichen Vögel. Fettreiche Sonnenblumenkerne werden von den meisten Arten gern genommen. Stellen Sie jeden Tag frisches Wasser auf.
- Platzieren Sie Nistkästen, damit die Vögel sich daran gewöhnen und sie später annehmen.
- Entfernen Sie Misteln von Obstbäumen durch radikalen Schnitt.
- Ernten Sie Pfropfreiser von Obstbäumen und schlagen Sie sie ein bis zum Veredeln im März oder April.
- Entfernen Sie alle vertrockneten Früchte und dürren Äste, die durch Moniliose bei Pflaumen (incl. Zwetschgen) entstanden sind.
- Säubern Sie die Himbeerreihen und entfernen Sie Ausläufer, die zu weit entfernt wachsen. Schneiden Sie Johannisbeer- und Stachelbeersträucher zurück.

Aufräumarbeiten

- Schneiden Sie Obstbäume an frostfreien Tagen.
- Rechen Sie den Boden unter den Obstbäumen und Sträuchern.
- Verlesen Sie die Äpfel im Obstkeller.
- Schärfen Sie Spaten, Klingen und alles, was sie zum Unkrautjäten benutzen.
- Belüften Sie den Kompost durch Auflockern. Verteilen Sie halbgaren Kompost um neu gepflanzte Sträucher.

Hände in der Erde

- Verpflanzen Sie alle Exemplare, die umgesetzt werden müssen.
- Fahren Sie mit der Pflanzung wurzelnackter oder im Container gelieferter Beerensträucher und Obstbäume fort.

In der Kompostecke

ÜBERLEGUNG IM JANUAR

40 % dessen, was wir in den Restmüll oder die Grünmülltonne werfen (Gemüseschalen, Eierschalen, Kaffeesatz, Rasenschnitt, Heckenschnittgut, Laub), könnte sich in einen Wertstoff zur Bodenverbesserung unseres Gartens verwandeln! Lesen Sie die acht guten Gründe für die Kompostierung:

1. Ich beteilige mich an der Verringerung des Mülls.
2. Ich recycle alle organischen Stoffe, die ich nicht esse, und gebe damit der Erde das zurück, was sie mir geschenkt hat.
3. Ich reduziere die Luftverschmutzung. Das Kompostieren von 500 g organischen Abfalls (und der entfallene Abtransport) ver-

meiden die Entstehung von 3 m^3 Biogas, vor allem Methan. Es gehört zu den Hauptverursachern des Treibhauseffekts.
4. Ich verändere auf lange Sicht meinen Boden: Er wird ab dem dritten Jahr dunkler, krümeliger und leichter zu bearbeiten.
5. Ich verbessere die Fruchtbarkeit des Bodens, egal ob er lehmig oder sandig ist. Den Boden mit Nährstoffen zu versehen, ist das einzig wahre Mittel, um die Pflanzen zu ernähren.
6. Komposteintrag macht die Pflanzen gesünder und widerstandsfähiger gegen Pflanzenkrankheiten.
7. Ich muss künftig weder chemische Düngemittel noch organische Bodenverbesserer kaufen.
8. Ich habe einen kostenlosen, erneuerbaren Mulch zur Hand.

Vom Ursprung des Komposts

„Kompost" ist vom lateinischen Wort *compositum* abgeleitet. Es bedeutet „zusammengemischt, vermischt". Das Wort „kompostieren" tauchte erstmals im 14. Jahrhundert im Französischen auf und wurde im 19. Jahrhundert ins Deutsche entlehnt, was das Alter dieser Gartenpraxis zeigt. In Spanien entdeckte man 1969 in einem Manuskript der Templer von Alcanegre aus dem 12. Jahrhundert die Beschreibung von Kompost aus Strauchwerk, was gängige Praxis des Ordens war.

1 Pflanze, 2 Funktionen

MEERRETTICH ALS GEWÜRZ UND FUNGIZID

Armoracia rusticana, auch bekannt als Meerrettich, Kren oder Beißwurzel, ist eine mehrjährige Pflanze aus der Familie der Kreuzblütler, die in der Permakultur großen Nutzen hat. Eine einzige Pflanze kann genügen, um den Bedarf mehrerer Familien zu decken.
1. Meerrettich ist in erster Linie ein kräftiges Gewürz. Die geriebene Wurzel besitzt einen starken, pfeffrig-scharfen Geschmack (aber schwächer als Wasabi). Anders als bei Pfeffer, vergeht die Schärfe auf der Zunge rasch. Man verwendet Meerrettich für Soßen, Salatsoßen, Suppen usw.
2. Außerdem tötet die Pflanze Pilze ab. Blätter und Wurzeln werden in Form eines Aufgusses (Tee) vorbeugend gegen Moniliose eingesetzt, einer Pilzerkrankung, die Obstbäume, besonders aus der Familie der Rosaceae (Apfel-, Birn-, Kirsch-, Quitten-, Pflaumen-, Pfirsich-, Aprikosen- und Mandelbaum), trifft. Ebenso nützlich ist Meerrettich aber auch bei der Bekämpfung von Welke, ein Pilzbefall, der bei Sämlingen nahezu sofort zum Absterben führt.

Göttliche Wurzel! Sie kann 50 cm lang werden. Das heißt, wenn Meerrettich sich einmal etabliert hat, dann bleibt er lange Zeit!

Mandelbaumsorten unterscheiden sich aufgrund der Härte der Fruchthülle: weich, halbfest, mittelhart und steinhart.

Grüne Proteine aus eigenem Anbau

MANDELN

Wissenschaftlicher Name: *Prunus amygdalus*
Familie: Rosaceae
Volksname: Mandelbaum
Heimat: Naher Osten
Bedingungen: volle Sonne, windgeschützt, frostfrei im März, steiniger Boden, mager, kalkhaltig, durchlässig, keine Staunässe, pH-Wert 7–8
Ertrag: Unter günstigen Bedingungen erntet man 8–12 kg pro Jahr bei Früchten mit trockenen Schalen und bis zu 50 kg der Früchte mit grünen Schalen.

Das Perma +

Es handelt sich um einen sehr früh blühenden Baum, der nahrhafte, gut und lange haltbare Früchte liefert.

Mandel-Anbau

Die meisten Mandelsorten sind selbststeril, mit einem einzelnen Baum erfolgt also keine Befruchtung. Sie müssen zwei unterschiedliche Sorten im Abstand von weniger als 10 m pflanzen. Mandelbäume wachsen bei uns in mildem Weinbauklima oder an besonders geschützten Stellen im Garten. Blüten- und Fruchtansatz sind aber durch spätwinterlichen Frost gefährdet und leiden durch niedrige Temperaturen, die Bienen am Flug hindern. Außerhalb der natürlichen Anbauregionen der Mandelbäume sollte man daher Sorten mit später Blüte wählen. Die Ernte erfolgt ab dem 3. oder 4. Jahr. Unter günstigen Bedingungen kommt man auf einen Ertrag von 8–12 kg Früchte mit trockener Schale und bis zu 50 kg bei Früchten mit grüner Schale.

Zusammensetzung von 100 g Mandeln

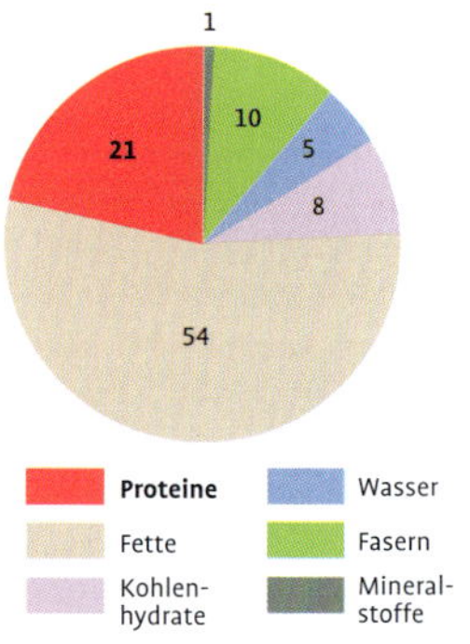

Winterharte Mandelsorten

Sorte	Merkmale
Princesse Amanda	Blüten im März/April, mittelgroße, leicht zu knackende Früchte, aromatisch-nussig, reift Ende September bis Owktober, selbstfruchtbar
Dürkheimer Krachmandel	frühe Blüte (März), weichschalige und süße Früchte, reift Ende September bis Mitte Oktober
Lauranne	Blüte im März/April, steinharte Schale, selbstfruchtbar, reift Ende August bis September
Rosella	Blüten im März/April, nussig-aromatisch, kleine Früchte, reift Ende September bis Oktober

Lust auf Ungewöhnliches
SÜSSKARTOFFELN

Wissenschaftlicher Name: *Ipomoea batatas*
Familie: Convolvulaceae
Volksname: Süßkartoffel, Batate
Heimat: irgendwo zwischen Yucatan und der Orinoco-Mündung

Bedingungen: Sonne, Hitze, Wasser
Ertrag: zwischen 1,3 und 2,5 kg pro Pflanze

Die Süßkartoffel hat trotz ihres Namens nichts mit der Kartoffel zu tun. Die Knollen sind jedoch wie die Kartoffeln dank der enthaltenen Stärke Energielieferanten.

Das Perma +

Rasche Bodenbedeckung, relativ unproblematisch, guter Ertrag, gute Lagereigenschaft im Winter.

Süßkartoffel-Anbau

Diese ausdauernde Staude mit Knollen (Speicherwurzeln) liebt die Sonne und Hitze in Verbindung mit Sonne. Man kann sie aber auch im Norden an der Küste anbauen, dabei wäre ein Gewächshaus ganz günstig, um einige Grad zu gewinnen.

Januar: Schneiden Sie die Knolle in 2, 4 oder 6 Stücke. Legen Sie die Stücke mit der Schnittfläche auf feuchte Pflanzenerde. Stellen Sie alles in einen warmen, sehr hellen Raum. Legen Sie eine Anbauhaube darüber. Es dauert einige Wochen, manchmal bis zu 2 Monate, bis sich schöne Pflanzen bilden.

März: Wenn die Pflanzen schöne Blättchen und Würzelchen entwickelt haben, setzt man sie in Töpfe mit sehr feuchter Pflanzenerde. Reichern Sie die Erde mit Kompost oder reifem Mist an, den Boden mit der Harke auflockern und gießen. Zum Aufheizen kann man eine biologisch abbaubare Vliesfolie (schwarz) auflegen, um einige Grad zu gewinnen.

Mai: Auspflanzen in einen Boden von 20–30 °C, im Abstand von 60–80 cm. Sehr regelmäßig und reichlich gießen.

Oktober: Die Knollen werden mit der Grabegabel wie Kartoffeln geerntet, sobald das Laub gelb wird. Das gesamte Laub kann als Mulch oder auf dem Kompost verwendet werden.

Für die Gemeinschaft
Erstellen Sie eine Facebook-Seite und verbinden Sie sich mit Gärtnern aus der Nachbarschaft. Durch die Seite können Sie das ganze Jahr über in Verbindung stehen und die Vorteile der Nachbarschaft nutzen: Erfahrungs- und Wissensaustausch, Tausch von Saatgut, Pflanzen, Büchern, Zeitschriften, gegenseitige Hilfe bei Abwesenheit (Gießen, Gemüseernte) oder einfach gemeinsames Gärtnern.

Der ideale Ort für Laufenten

Man braucht eine kräuterreiche Wiese mit Obstbäumen und ein Becken zum Baden; eine Umzäunung von etwa 1,2 m Höhe (und wenn möglich einen Elektrozaun gegen Beutegreifer), im Bodenbereich engmaschig, damit die Entenküken nicht davonlaufen können; Sträucher als Schattenspender und Unterstände für den Tag. Für die Nacht empfiehlt sich ein sicherer und verschließbarer Stall.

Anders als bei Hühnern (die abends von selbst in den Hühnerstall laufen) muss man den Enten beibringen, jeden Abend in den Stall zu gehen.

Und wenn ... ICH LAUFENTEN AUFNEHME?

In der Permakultur sind Wild- und Haustiere Teil des Ökosystems. Die Haltung von Laufenten, die so lustig auf ihren Plattfüßen daherwatscheln, ist ein Weg, das Nacktschneckenproblem zu lösen. Sie sind darin effizienter als Hühner und die Weibchen legen Eier.

Test

Sind Sie bereit, Laufenten im Garten zu halten?

Tierhaltung ist ein mehrjähriges Geschäft. Wenn die Laufenten sich bei Ihnen wohlfühlen, werden sie 10 Jahre alt, die männlichen Tiere sogar 15–20 Jahre bei guter Pflege und ohne Gefahr durch Beutegreifer. Denken Sie daher gut darüber nach. Beantworten Sie die sieben nachfolgenden Fragen ehrlich.

- Haben Sie mindestens 40 m^2 begrünte Fläche pro Ente? ❏ Ja / ❏ Nein
- Besitzen Sie einen Naturteich? Wenn nicht, gibt es einen Platz in einiger Entfernung vom Haus (wegen des Schmutzes), wo Sie ein oder mehrere Kinderplanschbecken aufstellen könnten? ❏ Ja / ❏ Nein
- Wenn Sie nur Becken anbieten können, sind Sie bereit täglich das Wasser zu wechseln, jahrein, jahraus? Das Gleiche gilt für das Trinkwasser. ❏ Ja / ❏ Nein
- Sind Sie bereit, Geld für geeignetes Zubehör auszugeben: Wasserspender, Futtertröge, geeigneter, sicherer Stall, Spezialfutter? ❏ Ja / ❏ Nein
- Glauben Sie, dass Sie den verschmutzten Stall säubern können? ❏ Ja / ❏ Nein
- Haben Sie jeden Tag genug Zeit für Pflege, Reinigung der Wasserbecken und des Stalls, abendliches Einsperren bei jedem Wetter und Gesundheitscheck der Tiere? Sie machen im Allgemeinen mehr Arbeit als Hühner. ❏ Ja / ❏ Nein
- Haben Sie einen zuverlässigen Enten-Sitter für den Urlaub (Freunde, Familie, Nachbarn)? ❏ Ja / ❏ Nein

Wenn Sie eine dieser Fragen mit Nein beantworten, halten Sie einen Moment inne und fragen Sie sich, ob das Zusammenleben glücklich würde – für alle Beteiligten.

Laufenten benötigen Artgenossen, um sich sicher zu fühlen. Eine einzelne Laufente fristet ein trauriges Dasein.

Pro und Kontra Laufenten

Man liebt sie, denn...

- sie sind leicht und richten kaum Schaden im Gemüse an.
- mit den kurzen Flügelchen sind sie nicht imstande, wegzufliegen (außer in großer Panik, denn die verleiht Flügel!). Man braucht keinen hohen Zaun, 1 m genügt.
- sie sind robust, selten krank und resistent gegen Parasiten.
- sie legen wohlschmeckende Eier und sind absolut nicht angriffslustig.

Womit man aber rechnen muss

- Sie brauchen einen Teich oder ein großes Becken pro Ente oder Entenpaar, dessen Wasser einmal täglich gewechselt werden muss. Es muss so tief sein, dass die Ente mit dem ganzen Körper untertauchen kann. Wenn die Wände steil sind, muss man sie mit feinem Gitter überziehen, damit die Entenküken nicht ertrinken.
- Die Enten lieben Schlamm und verschmutzen das Wasser rasch. Um das Becken herum entsteht also Matsch. Kieselbelag rundum könnte günstig sein. Wenn man zudem Hühner hält, mit denen sich die Enten gut vertragen, muss man für eine trockene Stelle sorgen.
- Und wie der Name schon sagt, sind die Enten aktiv und sie müssen sich bewegen und rennen können. Ideal wäre eine Weide.

Mischkost

Die indische Laufente verzehrt Gras, Schnecken, reichlich Nacktschnecken, Regenwürmer und Insekten. Sie frisst auch Getreide. Freude hat sie auch an einem Topf mit eingeweichtem Brot oder Obst- und Gemüseschalen aus der Küche. Während des Wachstums, der Brut und der Mauser benötigt sie Vitamine. Geben Sie den Küken eine Mischung aus Brotkrümeln, zerkleinerten gekochten Eiern und Weizen sowie Futtergranulat (Hühnerfutter ist nicht geeignet). Die Enten brauchen kalkhaltigen Kies. Und besonders wichtig ist ständig verfügbares klares Trinkwasser!

Wie plant man einen Permakultur-Garten?

Bei der Permakultur sind Design und Gestaltungsprozess untrennbar verbunden. Dadurch legt man fest, was an welcher Stelle und auf welche Weise gepflanzt wird, so dass schließlich alles eine Einheit bildet. Das Design ordnet sich den drei Mantras der Permakultur unter: Nehme Rücksicht auf den Planeten Erde, nehme Rücksicht auf andere Menschen und teile reichlichen Ertrag.

Stellen Sie sich Zonen vor, in denen Sie Teile ihres Gartens platzieren

Bei Permakultur dient das Haus als Bezugspunkt (**ZONE 0**) und die Zonen werden je nach Häufigkeit der Nutzung oder Bearbeitung klassifiziert:
ZONE 1: mehrmals täglich (z. B. Kräuter, Terrasse)
ZONE 2: einmal täglich oder mehrmals pro Woche (Gemüsegarten, Hof, Beerenobst)
ZONE 3: einmal pro Woche oder mehrmals monatlich (Obstgarten, Wiese, Bienenstöcke, Kompostecke)
ZONE 4: einmal im Monat oder seltener (Wildpflanzen, Pilze, Obsthecke)
ZONE 5: wilder Bereich, kein Eingreifen in die Natur

ZONE 3: Fuchsschwanz, Dicke Bohnen, Pilze, Sonnenblumen und Kürbis, Obstbäume, Grünfläche für Hühner oder Enten, Bienenstöcke

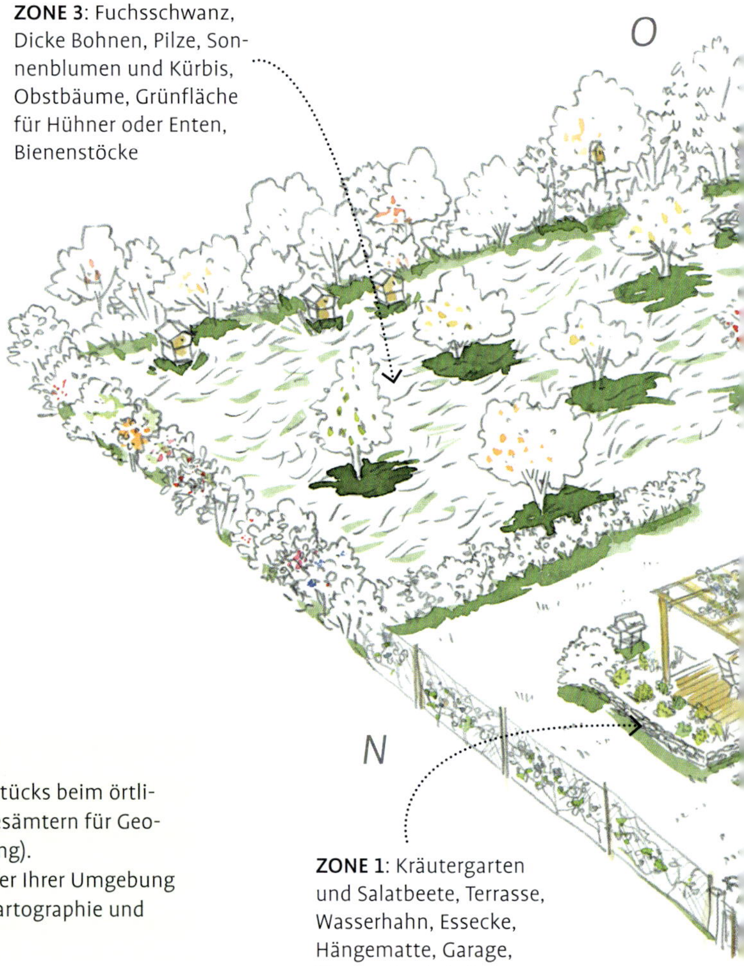

ZONE 1: Kräutergarten und Salatbeete, Terrasse, Wasserhahn, Essecke, Hängematte, Garage, kleines Gewächshaus, Wurmkomposter

Grundrisse zur Gartenplanung

- Sie erhalten den Plan Ihres Grundstücks beim örtlichen Katasteramt (oder den Landesämtern für Geoinformation und Landesvermessung).
- Topografische Karten und Luftbilder Ihrer Umgebung erhalten Sie eim Bundesamt für Kartographie und Geodäsie.

Abstände einfach messen
Ein Lasermessgerät für draußen mit 200 m Reichweite ist sehr nützlich. Laser für den Innenbereich sind günstiger, haben aber nur eine mäßige Reichweite.

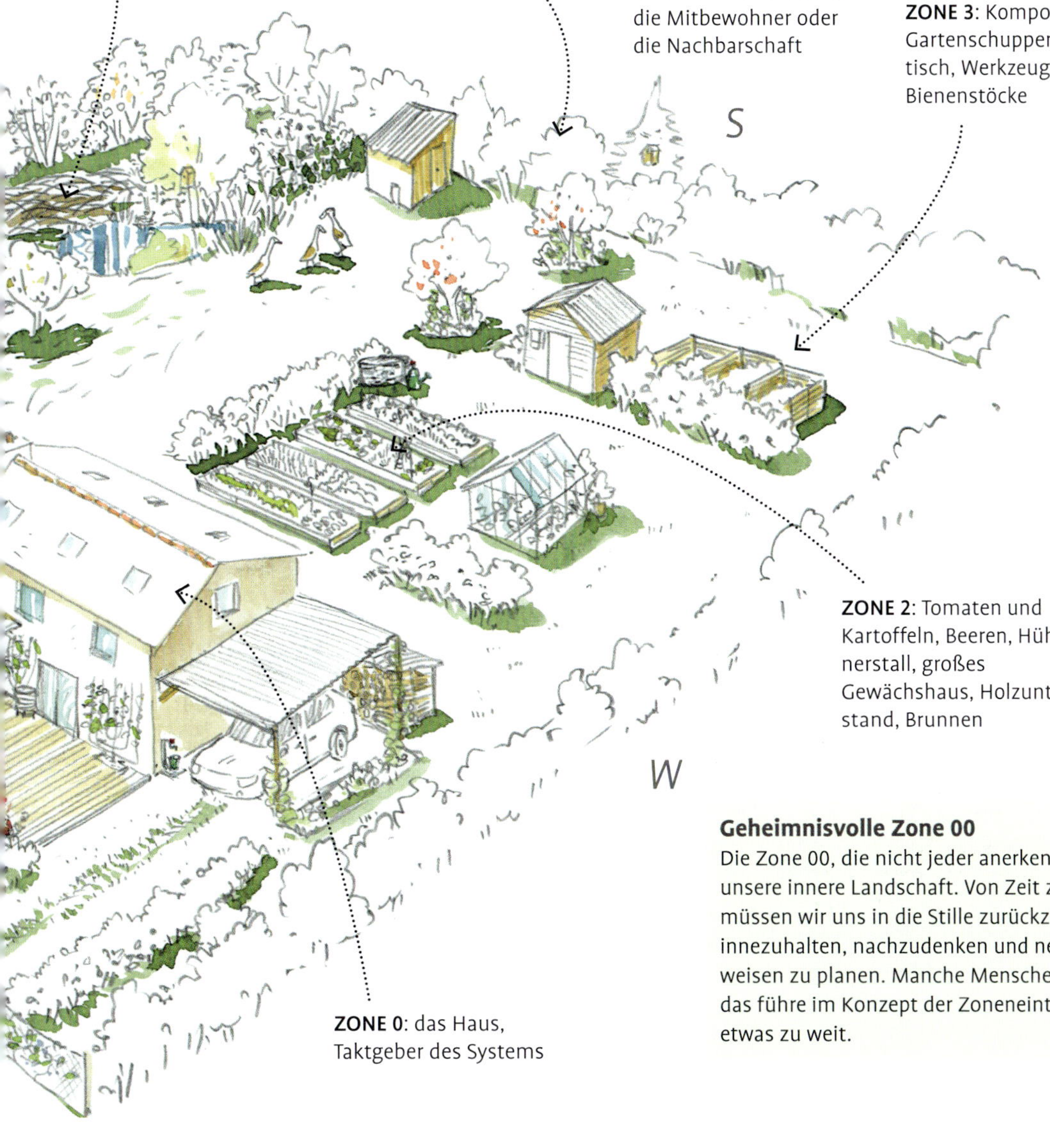

ZONE 4: autochtone Pflanzen, Teich, Sträucher, Nistkästen, Windschutz, Hecke mit essbaren Früchten, Einfassung

ZONE 5: wilder Bereich, kein Eingreifen

ZONE 6: Bereich jenseits des Gartenzauns, die Mitbewohner oder die Nachbarschaft

ZONE 3: Komposthaufen, Gartenschuppen, Pflanztisch, Werkzeugschuppen, Bienenstöcke

S

ZONE 2: Tomaten und Kartoffeln, Beeren, Hühnerstall, großes Gewächshaus, Holzunterstand, Brunnen

W

ZONE 0: das Haus, Taktgeber des Systems

Geheimnisvolle Zone 00
Die Zone 00, die nicht jeder anerkennt, ist unsere innere Landschaft. Von Zeit zu Zeit müssen wir uns in die Stille zurückziehen, um innezuhalten, nachzudenken und neue Arbeitsweisen zu planen. Manche Menschen meinen, das führe im Konzept der Zoneneinteilung doch etwas zu weit.

FEBRUAR

Der antike römische Kalender begann im März. Februar war damit der letzte Monat des Jahres. Zweifellos kommt dem Gärtner dabei Folgendes entgegen: Dieser Monat ist der kälteste und man geht am seltensten hinaus in den Garten. Er hat keine 30 Tage, so als ob die Natur ihn je nach Jahr um 1 oder 2 Tage verkürzt hätte, um ihn rasch hinter sich zu lassen.

Februar ist auch der einzige Monat, in dem man den Vollmond eventuell nicht zu Gesicht bekommt. Die letzten Züge des Winters vor dem Wiederaufleben der Natur und des Gartens!

ARBEITEN IM GEMÜSEGARTEN

Säen Sie (unter Glas) Möhren zusammen mit Radieschen. Letztere werden lange vor den Möhren geerntet.

Ein Auge auf alles

- Achten Sie darauf, dass sich an den winterlich verpackten Pflanzen keine Feuchtigkeit bildet. Lüften Sie an milden Tagen Überwinterungsfolien, Frühbeete, Gewächshaus, Folientunnel und Hauben.
- Gießen Sie die winterharten immergrünen Pflanzen in Töpfen.
- Bringen Sie an den Obstbäumen Dünger aus, verteilen Sie entweder Kompost oder reifen Mist über dem Wurzelbereich (ca. 1 kg/m^2). Das gilt auch für die leeren Beete des Gemüsegartens.
- Verlesen Sie Samen und reinigen Sie alles, was für die Anzucht benötigt wird (Anzuchtschalen, Töpfe, Etiketten).

Bereiten Sie Zukünftiges vor

- Säen Sie Ende des Monats den Blumenkohl im Warmen. Keimdauer 8 Tage bei 15 °C. Pikieren Sie die Sämlinge Ende März.
- Säen Sie Ende des Monats die Möhren (unter Glas). Möhren brauchen etwas Zeit zum Aufgehen, keimen aber, sobald die Temperatur über 8 °C steigt. Die Sorte 'Premia' eignet sich für frühe Aussaat.
- In Regionen mit mildem Klima kann man Dicke Bohnen, Erbsen, Chicorée, Gartenkresse, Feldsalat und Petersilie direkt ins Freiland säen.
- Bringen Sie Kartoffeln Ende Februar zum Keimen, indem Sie sie an einem kühlen, belüfteten, hellen Platz lagern.
- Öffnen Sie bei Tag die Garagentüren, um Licht hereinzulassen, wenn Sie Pflanzen hier überwintert haben.

Der Boden ist tief…

- Pflanzen Sie Ende des Monats den im Januar ausgesäten Batavia-Salat aus. Er wird ab Juni erntereif sein.
- Pflanzen Sie Schalotten, sobald der Boden nicht mehr gefroren ist. Knoblauch und Zwiebeln, wenn der Boden nicht zu nass ist.
- Pflanzen Sie weitere Sträucher (Heckenpflanzen, Obstbäume) aus dem Container oder wurzelnackt, wenn es keinen Bodenfrost gibt.

Besser als Raphiabast

Sammeln Sie die Blätter von Neuseelandflachs (*Phormium*), um Schnüre herzustellen, die robuster als Raphiabast sind. Schneiden Sie dazu Streifen von 5 mm Breite und machen Sie sie mithilfe der Schneide einer Klinge (Spaten, Messer) biegsam.

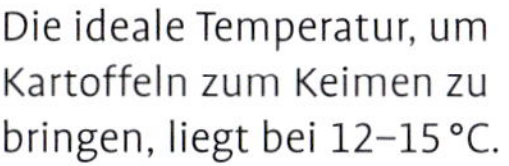

Die ideale Temperatur, um Kartoffeln zum Keimen zu bringen, liegt bei 12–15 °C.

Säen Sie auf den Parzellen, wo vorher Grüne Bohnen standen, Blattgemüse, die Stickstoff lieben: Feldsalat, Schnittsalat, Spinat.

Pro und Kontra
FRUCHTWECHSEL

Fruchtwechsel – dieses Wort verursacht vielen Gärtnern mächtig Kopfzerbrechen. Es handelt sich dabei um einen Anbauplan, bei dem es darum geht, eine Art nicht ständig an der gleichen Stelle im Gemüsegarten zu kultivieren. Man pflanzt stattdessen wohlüberlegt andere Gemüse, wobei man sich nach verschiedenen Kriterien richtet (Wechsel nach Gemüsetyp, nach botanischer Familie, nach Anspruch an Fruchtbarkeit des Bodens). Nützt es wirklich, sich den Kopf zu zerbrechen?

Pro

- Es ist sinnvoll, zwei verschiedene Pflanzenfamilien nacheinander zu setzen, die nicht von den gleichen Krankheiten oder Insekten befallen werden und die unterschiedliche Ansprüche an die Nährstoffe stellen.
- Die Abfolge von zwei Gemüsen, deren Wurzeln nicht die gleiche Bodenschicht durchwachsen, finden mehr Nährstoffe.

Kontra

- Fruchtwechsel hat großen Nutzen bei Feldern mit Monokulturen, nicht in kleinen Gemüsegärten mit Permakultur, in denen alles gemischt wächst und Vielfalt herrscht.
- Er macht eine schwer umsetzbare Planung und Organisation notwendig, insbesondere in einem kleinen Gemüsegarten mit Dutzenden verschiedener Früchte und Gemüse.
- Der Wechsel berücksichtigt günstige oder ungünstige Pflanzengemeinschaften innerhalb einer Parzelle nicht.

Der Kompromiss

- Wenn Ihre Kulturen nicht von schwerwiegenden Krankheiten befallen wurden, genügt die Abfolge Blattgemüse, Wurzelgemüse und schließlich Fruchtgemüse. Wenn Sie den Faden verloren haben, setzen Sie wenigstens nicht 2 Jahre nacheinander dasselbe Gemüse an einen Platz.
- Kartoffeln müssen wegen des Kartoffelkäfers jedes Jahr einen anderen Standort haben.
- Von Zeit zu Zeit sollten Sie einer Parzelle eine Ruhepause gönnen und ein ganzes Jahr hindurch nur verschiedene Gründünger anbauen.

Alternative Einordnung

Man kann die Gemüse auch nach Ertragsform klassifizieren. Zwei Gemüse derselben Kategorie baut man nicht in Folge an:

Früchte/Samen: Aubergine, Erbsen, Grüne Bohnen, Gurke, Kapstachelbeere, Kürbisse, Linsen, Mais, Melone, Paprika, Peperoni, Tomate

Blüten: Artischocke, Blumenkohl, Brokkoli

Wurzeln, Zwiebeln: Fenchel, Kartoffel, Knoblauch, Knollen-Ziest, Kohlrabi, Möhren, Pastinaken, Radieschen, Rote Bete, Schalotten, Schwarzwurzel, Speiserübe, Topinambur, Zwiebel

Blätter: Bocksbart, Cardy, Chicorée, Feldsalat, Kohl (Köpfe), Kresse, Lauch, Löwenzahn, Mangold, Neuseeländer Spinat, Portulak, Rauke, Salat, Sauerampfer, Spinat, Stangensellerie

Unter seinem Schnabel besitzt der Eichelhäher einen Sack, in dem er leicht 4–7 Eicheln auf einmal unterbringen und zu seinem Versteck bringen kann.

Die Pflanze und ihr Vogel

DER EICHELHÄHER IST KEIN MÜSSIGGÄNGER!

Der Eichelhäher gehört wie Tannenhäher, Kleiber, Elster und Eule zu den wenigen Vogelarten, die für den Winter Vorräte anlegen. Er ernährt sich von Larven, Insekten, Körnern, liebt aber auch die Früchte der Stiel-Eiche. Sie machen die Hälfte seiner Nahrung aus und er versteckt sie unter Wurzeln, Blättern, im Moos oder in Baumstümpfen.

Durch Klopfen mit dem Schnabel kann er die Reife, Qualität und Größe prüfen und die von Parasiten befallenen Früchte auslesen. Seine Wahl orientiert sich vornehmlich an der kastanienbraunen Farbe und damit Reife, grüne nimmt er nicht. Im Frühling und Sommer ernährt er sich von vergrabenen Eicheln, die gekeimt haben. Um seinen Vorrat wiederzufinden, merkt er sich Orientierungspunkte. Wenn um das Versteck herum zu wenige Orientierungspunkte vorhanden sind, legt er Steinchen daneben, die ihm als Markierung dienen. Werden die Orientierungspunkte verlegt oder verschwinden sie, kann er seine Vorratsverstecke nicht mehr finden. Diese Eicheln – etwa die Hälfte des Vorrats – keimen später. Das passiert relativ häufig und Schätzungen gehen davon aus, dass ein einziger Eichelhäher pro Jahr gut 4600 Eicheln versteckt. Damit ist er in Europa der beste Aufforstungsgehilfe für Eichenbestände.

Ein junger Zitronenbaum wächst in die Höhe, man muss die Krone zurückschneiden, damit er sich verzweigt.

Um die Melonenbirne (Pepino) im Winter zu lagern, braucht man einen hellen Platz mit 10–12 °C.

ARBEITEN IM OBSTGARTEN

Ein wenig Ordnung machen

- Sehen Sie regelmäßig Ihre Obstvorräte und das Lager Ihres Gemüses durch. Werfen Sie weg, was verdorben ist, und essen Sie das, was unschöne Stellen entwickelt. Lüften Sie so oft wie möglich und reinigen Sie die Regale mit Alkohol, sobald Sie Pilzflecken entdecken.
- Säubern Sie die Himbeerreihen und schneiden Sie die Ruten zurück. Stechen Sie unerwünschte Ausläufer aus und pflanzen Sie sie an anderer Stelle.
- Schneiden Sie nach der Fruchtbildung die Zitrusgewächse.
- Entfernen Sie alle durch Moniliose verursachten vertrockneten Pflaumen und dürren Äste von den Pflaumenbäumen.

Ein bisschen Sport treiben

- Fahren Sie mit dem Pflanzen wurzelnackter Obstbäume fort.
- Bauen Sie Nistkästen für die Vögel und hängen Sie sie hoch in die Bäume.

Ein wenig die Fantasie spielen lassen

Säen Sie Melonenbirnen (*Solanum muricatum*) drinnen im Warmen bei etwa 20 °C. Diese Frucht finden Sie kaum im Handel. Der kleine Strauch aus Südamerika heißt auch Pepino, wird etwa 1 m hoch und trägt große, saftige, durstlöschende Früchte. Sie schmecken ähnlich wie leicht süße Melonen. Säen Sie außerdem unter Frostabdeckung Möhren, Radieschen und Dicke Bohnen.

Je vielfältiger das Kompostiergut war, desto besser wird der Kompost.

In der Kompostecke

IM FEBRUAR WÄHLE ICH EINE KOMPOSTIERUNGSMETHODE

Kaltkompost: etwas langwierig (1 Jahr)

Diese Methode nimmt Zeit in Anspruch. Man schichtet das Kompostiergut so, wie es gerade anfällt, auf, entweder offen auf einem Haufen oder in einem geschlossenen Komposter, und lockert es gelegentlich auf. Im Laufe der Zeit (mindestens 1 Jahr) erfolgt die natürliche Zersetzung des Materials. Diese Methode ist praktisch, wenn man einen großen Garten mit viel organischem Gartenabfall hat. Der Kompost ist nicht sehr nährstoffreich.

Flächenkompostierung: zerkleinern, verteilen, fertig

Diese Methode nimmt am wenigsten Zeit in Anspruch. Man verteilt den grob zerkleinerten Grünabfall flächig auf der Erde. Bedecken Sie eine möglichst große Fläche, vor allem bei Rasenschnitt, weil dieser fault, wenn er in dickeren Schichten liegt und nass wird. Dieser Kompost dient als Mulch. Man sollte Flächenkompostierung am besten im Herbst betreiben, weil dadurch dem Stickstoffmangel von Pflanzen in der Wachstumsphase ab April vorgebeugt wird.

Warmkompost (nach der Berkeley-Methode): in 3 Wochen erledigt

Diese Methode geht am schnellsten und der Kompost ist am reichsten und aus gesundheitlicher Sicht am sichersten. Der Komposthaufen erhitzt sich rasch und hoch genug, um pathogene Keime abzutöten. Denken Sie daran, dass man an dem Bakterium *Escherichia coli* gefährlich erkranken kann, wenn es durch kontaminiertes Gemüse verbreitet wird, das mit frischem Mist in Berührung gekommen ist. Diese Methode eignet sich daher auch, wenn man frischen Mist verwendet. Die Temperatur im Komposthaufen kann bis zu 70 °C erreichen. Studien von Hillary Nelson haben gezeigt, dass die meisten pathogenen Keime bei Temperaturen von 54–60 °C über einen Zeitraum von 5–10 Tagen absterben. 2–10 % der hitzeresistenteren Bakterien können jedoch überleben. Aus diesem Grund ist eine Reifedauer von 60–120 Tagen grundlegend notwendig, um unerwünschte Keime zu zerstören. Nebenstehend erfahren Sie etwas zur Methode.

Die Berkeley-Methode

Mischen Sie für 1 m^3:

- Mist,
- stickstoffhaltiges Grüngut (Rasenschnitt, Unkraut),
- kohlenstoffhaltiges Kompostgut (Pappe, Laub, Stroh).

Wässern und mit Folie/Vlies bedecken.
Die Temperatur steigt rasch auf 50–70 °C und beschleunigt die Zersetzung dank reichlicher Vermehrung wärmeliebender Bakterien.
Alle 2 Tage umwenden.

1 Pflanze, 4 Funktionen

RADIESCHEN: TOLL IM SALAT, ALS MARKIERUNG DER SAATREIHE, ALS HELFER GEGEN UNKRAUT UND ALS SCHATTENSPENDER

Möhren benötigen bis zu 3 Wochen zum Keimen und wachsen danach langsam (3–5 Monate). Sät man die Radieschen in gleicher Reihe, so hat das mehrere Vorteile. Man markiert die Saatreihe, da die Radieschen rasch keimen und wachsen (erntereif in 4–6 Wochen), man reduziert das Auflaufen von Unkraut und gibt den Möhrenpflänzchen Schatten und Kühle. Radieschen und Möhren können sich den Platz teilen, ohne einander zu stören. Man erntet die Radieschen genau dann, wenn die Möhrenpflanzen etwas mehr Platz brauchen. Einfach toll!

Unter Schutzabdeckung keimen die Radieschen innerhalb von 3 Tagen, sofern die Temperatur über 15 °C liegt.

An die Arbeit!

Beginnen Sie mit der Möhrensaat unter Glas, die Samen sind sehr fein. Dann legen Sie alle 5–6 cm einen Radieschensamen. Rille schließen und Erde andrücken. Gießen. 1–2 Monate später ernten Sie die Radieschen und nur die Möhren bleiben stehen.

Erbsen vertragen die Kälte, selbst wenn es nach der Aussaat noch ein wenig Frost gibt.

Grüne Proteine aus eigenem Anbau

ERBSEN

Wissenschaftlicher Name: *Pisum sativum* var. *medullare*
Familie: Fabaceae
Volksname: Erbse, Palerbse, Schalerbse
Herkunft: Naher Osten
Bedingungen: kühle Temperaturen, frischer Boden, leicht, locker

Ertrag: bis 2,5 kg bei Aussaat von 500 g Samen, Verhältnis 5 : 1. Der Ertrag variiert pro Sorte jedoch auch zwischen 100 g und 2 kg, je nach Region und Sorte. An der Spitze liegt 'Douce Provence'.

Zusammensetzung der Erbse

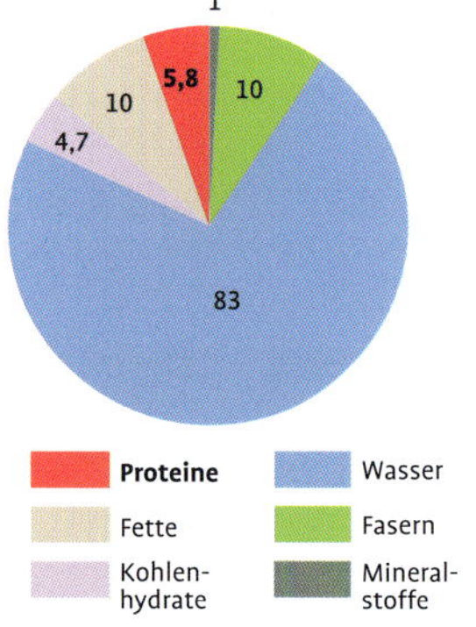

Das Perma +

Ein Gemüse mit vielen Gesichtern, das nahrhaft und früh in der Saison erntereif ist. Die Hülsen sind essbar, die Pflanze reichert Stickstoff im Boden an und man kann auch die getrockneten Erbsen essen.

Erbsen-Anbau

Welche? Es gibt 2 Typen:
Palerbsen mit runden Samen, die sogenannten glatten Erbsen. Sie sind frostverträglich und eignen sich zur frühen Aussaat im Frühjahr oder auch zur Saat im Herbst. Die Erbsen sind fein und weich.
Markerbsen mit runzeligen Körnern, benannt nach dem getrockneten Zustand, sind süßer, größer und bleiben länger zart. Sie eignen sich weniger zur frühen Aussaat, vertragen aber die Hitze besser.

Wann? Aussaat von Palerbsen von Ende Februar bis April, die Markerbsen von März bis Juni. Bei zu später Aussaat ist der Ertrag geringer, weil die Erbsen Hitze nicht mögen.

Wie? Direktaussaat ins Beet. Drücken Sie die Samen 2–3 cm tief im Abstand von 30–40 cm ein (Sorten mit Rankhilfe im Abstand von 60–70 cm). Drei Wochen nach dem Keimen anhäufeln. Platzieren Sie die Rankgitter. Gießen Sie regelmäßig und verteilen Sie reifen Kompost um die Pflanzen. Ernte: 3,5–4,5 Monate nach der Aussaat.

Duftendes Mariengras (*Hierochloe odorata*) bildet rasch einen aufrechten, ausgreifenden Büschel von 50–60 cm Höhe.

Lust auf Ungewöhnliches

DUFTENDES MARIENGRAS

Wissenschaftlicher Name: *Hierochloe odorata*
Familie: Poaceae
Volksname: Mariengras, Duftendes Mariengras
Kategorie: Staude, halb-immergrün
Herkunft: Nordeuropa und Amerika

Bedingungen: frischer, saurer Boden
Wuchsleistung: Wenn der Standort passt, kann ein einzelner Büschel innerhalb eines Jahres 3 m² überziehen.

Das Perma +

Ein sehr guter Bodendecker für kühle und schattige Standorte, hält den Boden fest und ist sehr gut winterhart bis –28 °C. Braucht keine Pflege.

Mariengras-Anbau

Getrocknet entwickelt diese Duftpflanze ein Vanillearoma aufgrund des enthaltenen Kumarins, wie der Waldmeister. Man verwendet sie zum Färben und Aromatisieren von klaren Bränden, besonders von Wodka wie dem berühmten Zubrowka. Die getrockneten Blätter werden auch geflochten und zum Beduften in den Kleiderschrank gehängt. Das Gras eignet sich als Bodendecker unter Hecken oder unter Sträuchern. Vorsicht jedoch mit den feinen Rhizomausläufern, die tief wachsen und stark wuchern können, ähnlich wie die Quecke. Glücklicherweise kann man Mariengras auch im Kübel kultivieren.

Februar: Ende des Monats an frostfreien Tagen einige Containerpflänzchen in frischen, sauren bis neutralen Boden in der Sonne oder im Halbschatten auspflanzen. Abstand 60 cm.

März bis Mai: Die Pflanze benötigt weder Dünger noch Bewässerung oder Schnitt.

Juni: Die Pflanze blüht mit bescheidenen grünlichen Rispen, bildet aber selten Samen aus.

Juni bis September: Ernten Sie die lanzettlichen, leuchtend grünen Blätter und trocknen Sie diese im Schatten an luftiger Stelle.

Für die Gemeinschaft

Teilen Sie die Pflanzenanzucht mit anderen. Im Februar plant man gewöhnlich die Kulturen, die Aussaat und das Pflanzen. Tun Sie sich mit interessierten Nachbarn zusammen, tauschen Sie Saatgut aus und teilen Sie sich die Anzucht. Das spart Zeit, Platz, Anzuchterde und Pflanzensamen.

Und wenn ...
ICH MEIN EIGENES BRF MACHE?

Welches Holz verwendet man?
Verwenden Sie kein hartes Holz, also das Kernholz starker Äste oder Stämme. Es enthält zu viel Kohlenstoff. Mischen Sie so viele Rohstoffe wie möglich: Eiche, Nussbaum, Nadelhölzer sind geeignet. Lassen Sie Thuja eventuell weg, wenn Sie weniger als 10 % Thuja beigeben, dann dürfte das Holz mit etwas Mühe in der Mischung aufgehen.

BRF, was ist das überhaupt? Die Abkürzung BRF (*Bois raméal fragmenté*) steht für Gehölzhäckselgut, also zerkleinerte Äste aus dem Heckenschnitt und dem Strauchschnitt im Frühling. Als Mulch auf den Boden gebracht, zersetzt sich dieses reichlich ligninhaltige Material (vor allem Zellulose und Zucker) langsam und unausweichlich unter dem Einfluss von Mikrofauna und in der Erde lebenden Pilzen. Diese Basidiomyzeten (Ständerpilze) werden auch weißer Schimmel genannt. Dank der von ihnen an den Boden abgegebenen Enzyme können sie als einzige Pilze Lignin abbauen. Hebt man eine Häckselschicht nach einigen Wochen an, sieht man feine weiße Fäden, die den Waldhumus-Geruch absondern. Das ist der Unterschied zum Kompost, der sich durch Bakterien zersetzt. Die Fäden des Myzels produzieren Glomaline, das sind Glykoproteine, die den Zusammenhalt feiner Partikel stabilisieren, ein wenig wie Klebstoff für Humus! Man spricht daher eher von Aggradation, dem Gegenteil von Zersetzung. Die Bodenfauna spielt in der Folge eine bedeutende Rolle beim Verzehr der Pilze und dem Zermalmen der Erde und des organischen Materials. Dabei sorgen vor allem Regenwürmer für die Durchlässigkeit des Bodens und das Eindringen des Wassers. Boden bildet sich und reichert sich zu einem festen Humus an. Er ähnelt dem natürlichen Waldhumus und erhöht wie dieser die Fruchtbarkeit.

Woher kommt der Begriff? Geprägt wurde der Begriff BRF in den 1970er-Jahren durch kanadische Forstmitarbeiter in Quebec. Sie haben im Winter junges Geäst zerkleinert, das Häckselgut auf den Feldern verteilt und im Frühling dann in die obere Bodenschicht eingearbeitet. Die Verbesserung der Bodenstruktur, der gestiegene Ertrag und der geringere Wasserverbrauch beeindruckten die Verantwortlichen.

Woraus besteht BRF? Man verwendet vor allem Jahrestriebe von Laubgehölzen, weil das die nährstoffreichsten Teile eines Baumes sind. Sie enthalten Spurenelemente, Aminosäuren, Proteine und Katalysatoren.

Wie verwendet man BRF? Man setzt BRF höchstens ein oder zwei Mal auf gestörten Böden ein (bei Erdanschüttungen, verdichteten Böden, Neuverfüllungen). BRF soll nur dazu dienen, den Boden wiederherzustellen. Wenn Ihr Gartenboden locker, nährstoffreich und lebendig ist, dann genügt Kompost zu seiner Erhaltung. Zwei Wochen nach der Verteilung finden Sie die weißen Schimmelpilze, wenn Sie den Mulch anheben. Und das Häckselgut (BRF) riecht ebenfalls nach frischen Pilzen. Es dauert 6–10 Monate, bis der

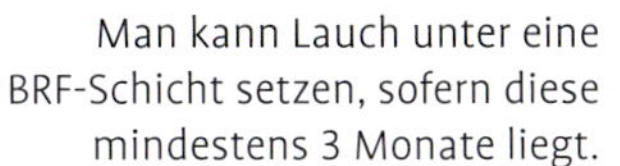

Man kann Lauch unter eine BRF-Schicht setzen, sofern diese mindestens 3 Monate liegt.

Thuja-Äste dürfen in geringen Mengen unter das Häckselgut gemischt werden.

Boden eine dunklere Farbe bekommt, was die Entstehung von Humus beweist.

Vorteile

Dieser Humus entsteht schneller als mit Kompostgabe: Der Humusgehalt erhöht sich um 1 % innerhalb von 10 Jahren, mit Kompost erreichte man das erst nach 50 Jahren. Man verringert deutlich den Arbeitsaufwand. Mit BRF-Häckselgut als Mulchschicht werden die unerwünschten Kräuter am Wachstum gehindert und man muss weniger bewässern. Die im Boden lebende Fauna vermehrt sich.

Vorsichtsmaßnahmen

- Die Zersetzung des BRF-Häckselguts durch Pilze verbraucht Stickstoff. Dieser Stickstoff wird dem Boden entzogen und in der Folge kann es zu Stickstoffmangelerscheinungen bei den Pflanzen kommen, die diesen vorläufigen Mangel in Form von gelben Blättern zeigen. Um diese Mangelerscheinungen zu vermeiden, verteilt man BRF im Herbst oder man baut vorher einen Gründünger aus der Familie der Fabaceae an.
- Wenn Sie BRF über dem Wurzelbereich eines Baums ausstreuen, lassen Sie um den Stamm einen Kreis von 15 cm Durchmesser frei. Der Stamm möchte nämlich nicht „erstickt“ werden.

Wasser und Luft

Die kleinen Aststückchen in der oberen Bodenschicht nehmen Wasser auf, was das Auslaugen verhindert. Als Mulchschicht verhindert BRF auch die Verdunstung des Wassers durch Kapillareffekt. Es trägt also aktiv dazu bei, die Feuchtigkeit im Boden zu halten. Die unterschiedlich großen Holzstückchen sorgen zudem für eine gute Belüftung des Bodens.

Wie kultiviert man Austernpilze auf Holzstämmen?

Seitlinge in Austernform (Austernpilze) mit weißem, festem Fleisch und mildem Geschmack gedeihen prima auf einfachen Holzstämmen. Kultivieren Sie die Pilze im Halbschatten am Rand einer Baumgruppe oder neben einer gemischten Pflanzengemeinschaft. Einmal etabliert, haben Sie mit den Pilzen keine Arbeit mehr.

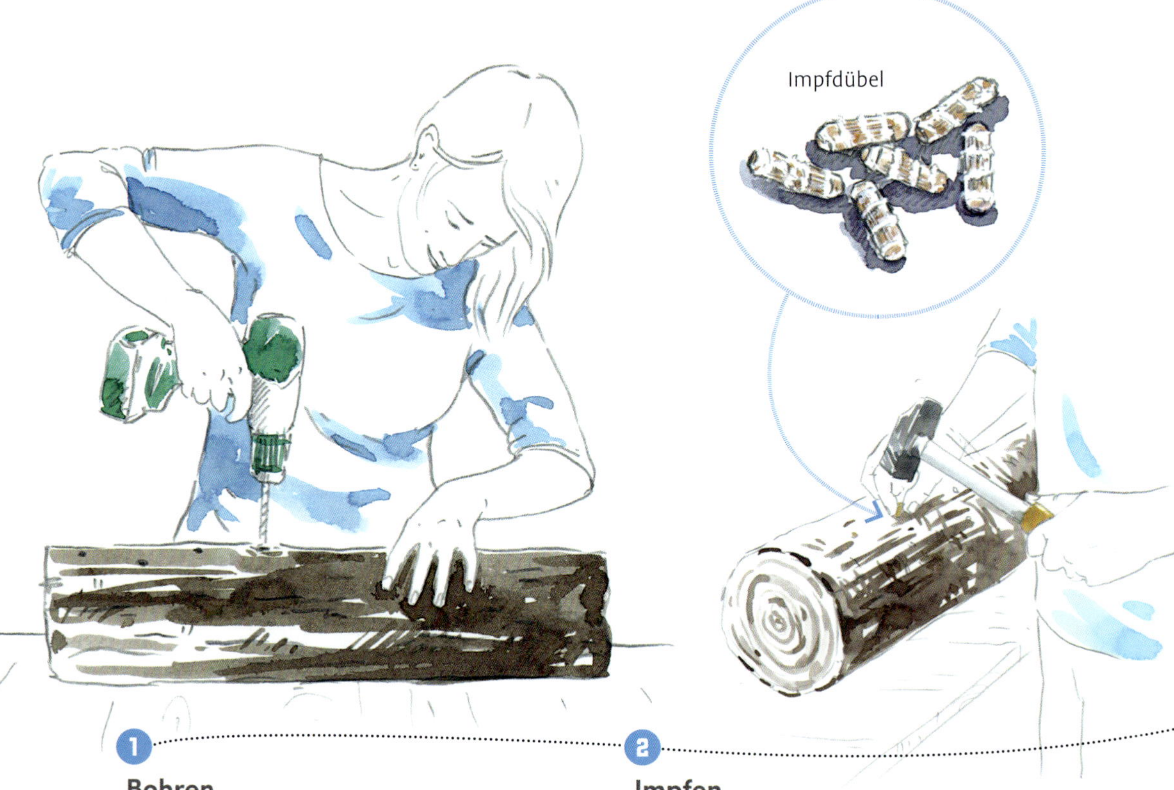

1

Bohren

Mit einer Bohrmaschine (Bohrer 8–9 mm) bohren Sie blütenartig je fünf 9 mm starke Löcher im Abstand von 20 cm ins Holz.

2

Impfen

Versenken Sie mit dem Hammer die mit Pilzen beimpften Stifte (Impfdübel) im Holz, dabei darf keine Luft zwischen Stiften und Holz bleiben. Gießen. Kümmern Sie sich von November bis Ende März darum, damit das Myzel sich entwickeln und die Ernte im Herbst erfolgen kann.

4

Gießen

Lagern Sie das Holz windgeschützt und ohne Sonne, halten Sie es mindestens 3 Monate lang feucht. Decken Sie eine Folie darüber.

Tipp: Das Gießen rechtzeitig beenden

Wenn die ersten Knöpfe erscheinen, nicht mehr gießen. Sonst entwickeln sich die Pilze nicht weiter.

5

Ernten

Bei der Ernte schneiden Sie die Stiele bis auf den Stamm hinunter ab. Bis zum Ende des Jahres können Sie mehrfach ernten. Danach geht das Myzel bis zum nächsten Herbst in eine Ruhephase über. Dann folgt die zweite Erntesaison. Die Stämme dienen schließlich als Feuerholz oder als Unterschlupf für holzfressende Lebewesen.

3

Verstopfen

Verschließen Sie die Löcher mit Bienenwachs.

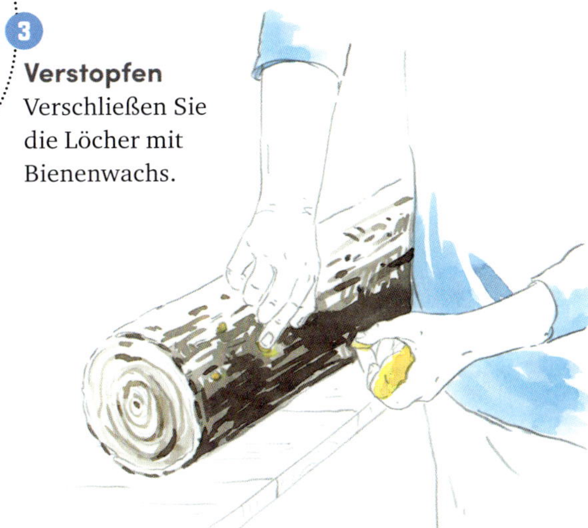

Gartenpraxis

Besorgen Sie sich frisch (vor mindestens 3 Wochen bis maximal 3 Monaten) gefällte Stangenhölzer von Eiche, Buche oder Pappel, maximal 1 m lang. Dickere Stämme mit dichtem Holz wären am besten, weil das Myzel zum Zersetzen des Holzes längere Zeit braucht und so die Ernte länger und reichlicher ausfällt.

Beschaffen Sie sich Holzstifte, die mit dem Myzel von Austernseitlingen beimpft sind (Impfdübel), im Internet (ca. 7–14 € für 50 Stifte).

7–8 Monate nach dem Einbringen ins Holz wird das Myzel sichtbar, dann erscheinen „Knospen“. Die Stämme müssen ständig feucht gehalten werden, dürfen aber nicht triefen. Die Seitlinge bilden sich im Frühherbst, wenn die Nachttemperaturen unter 8 °C fallen.

MÄRZ

Niemals ist der Sinn des Wortes Natur spürbarer als im März. Der Wortursprung kommt aus dem Lateinischen: *nascor* = geboren werden. Ist es nicht genau das, was man beim Gärtnern im März verspürt? Der Monat ringt der Sonne stückchenweise Licht ab und behält jeden Tag ein wenig mehr Helligkeit ein, während sie über dem Horizont immer höher steigt. März ist Vermehrung von Luft und Licht, ein leises Knistern, ein immer tieferes Durchatmen, ein Zittern, das den Körper und die Natur, völlig überrascht von der Wiedergeburt, wieder beweglich macht. Man liebt das Rotkehlchen, das den Winter ohne Zug in den Süden überstanden hat, die klebrigen, nach Bonbonaroma duftenden Triebe der Blut-Johannisbeere, die ersten Schmetterlinge – die Zitronenfalter –, die an den ersten milden Tagen trunken taumelnd umherflattern.

ARBEITEN IM GEMÜSEGARTEN

Achtung, fertig…

- Beginnen Sie mit der Abhärtung der gezogenen oder gekauften Jungpflanzen, indem Sie sie bei mildem Wetter mittags nach draußen stellen oder die Abdeckung der Frühbeete öffnen. Vergessen Sie aber nicht, die Pflanzen abends wieder hereinzuholen oder am Spätnachmittag die Abdeckung wieder zu schließen.
- Treiben Sie die Kartoffeln bei 12–15 °C vor.
- Zerkleinern Sie den Gründünger und arbeiten Sie ihn wenige Zentimeter tief in den Boden ein.

Vorsicht mit den Haaren der Tomatenstängel: in der Erde bilden sie prächtige Wurzeln aus.

… los geht's!

- Pflanzen Sie Folgendes ins Freiland: Topinambur, Zwiebeln, Knoblauch, Schalotten (bei sehr feuchtem Boden auf ein Hügelbeet), Schnittlauch, Sauerampfer, Rhabarber, Gewürzkräuter (Thymian, Bohnenkraut, Schnittlauch, Rosmarin, Salbei, Estragon), Ende des Monats evtl. auch schon Lauch und Kopfsalat.
- Pflanzen Sie Spargel.
- Pflanzen Sie die Jungpflanzen von Salat aus Anzuchttöpfen aus (je nach Art unter Schutzabdeckung).

Jetzt wird ausgesät!

- Säen Sie im Warmen (idealerweise im beheizten Gewächshaus) Tomaten, Kürbis, Gurken, Auberginen, Paprika und Melonen.
- Säen Sie im Kühlen (z. B. im unbeheizten Gewächshaus) Mais, Sonnenblumen, Kapuzinerkresse, Kohl-Sorten, Spinat, Salat, Mangold, Lauch, Rote Bete, Petersilie.
- Säen Sie direkt ins Freiland, aber mit Schutzabdeckung, Radieschen, Schnittsalate, Speiserübe, Dicke Bohnen, Erbsen und Pastinaken.
- Säen Sie die ungewöhnlichen Gemüse im Warmen, z. B. Kapstachelbeere oder Okra.

Der Wurzelhals von Salatpflanzen sollte beim Pikieren etwas über der Erde stehen.

Werden Sie Vermieter

- Platzieren Sie Anfang des Monats die Nistkästen. Bedenken Sie, dass die Größe des Einfluglochs bestimmt, welche Arten zum Nisten kommen. Kohlmeisen benötigen ein Loch von 30–32 mm, der Feldsperling 32–35 mm und die Kleiber 40–45 mm.

Hausgemachte Anzuchterde

Mischen Sie 1/3 gesiebte Erde von Maulwurfshaufen, 1/3 gesiebten Laubkompost und 1/3 mittelgroben Sand oder Vermikulit. Stellen Sie die Mischung zum Desinfizieren für 30 Minuten in den heißen Backofen, damit das Endprodukt frei von Sporen und Bakterien ist.

Zum Errichten eines Hügelbeets nimmt man den vor Ort vorhandenen Boden sowie alle anderen dort vorhandenen Materialien.

Pro und Kontra
HÜGELBEET

Pro – Das Hügelbeet ist Gold wert

- Die Erde erwärmt sich viel schneller bei Ausrichtung auf die ersten Sonnenstrahlen. Man optimiert also die Wärmeausbeute.
- Durch ein Hügelbeet kann man auch dort etwas anbauen, wo der Boden sehr schlecht ist.
- In kleinen Gärten vergrößert man durch das Hügelbeet die Anbaufläche – von zwei- auf dreidimensional.
- Wer Rückenschmerzen hat, kann vom Hügelbeet leichter ernten.
- Die Erde bleibt immer locker. Man läuft nicht auf dem Humus umher, verdichtet nichts und die Pflanzen ziehen einen Vorteil aus tieferem, besser durchlüftetem und reicherem Boden.

Kontra – Viel Arbeit und so manche Gauner

- Im Gegensatz zur allgemeinen Vorstellung gehört das Hügelbeet nicht zu den Markenzeichen der Permakultur. Und es ist auch kein Symbol oder Erkennungszeichen der Permakultur-Gärtner. Es gehörte anfangs nicht einmal zu den Grundprinzipien der Permakultur wie sie von Bill Mollison formuliert wurden. Hügelbeete tauchten in den 1980er-Jahren auf.
- Der Beethügel bedeutet mehr Arbeitszeit – ihn zu errichten und zu erhalten. Man muss Hunderte Kilos organischer Materialien herbeikarren. Das Verhältnis von aufgewendeter Energie und gewonnener Energie (Ertrag) hängt vom Boden ab und ist nicht besonders bedeutend.
- Hügelbeete sind bei einem guten Boden nicht notwendig.
- Der Beethügel muss nach 3–5 Jahren neu aufgetürmt werden, dies hängt von der Zusammensetzung und der Art der Pflege ab.
- Hügelbeete wimmeln vor Leben, dazu gehören Spinnentiere, aber auch Ameisen, Mäuse und Wühlmäuse!
- Beim Bewässern entsteht unterschiedliche Feuchtigkeit: Die Höhe ist gut durchfeuchtet, die Hänge bleiben trockener.
- Man vergräbt frisches organisches Material, was dem natürlichen Zersetzungsprozess an der Oberfläche widerspricht.
- Schlecht gebaut, trocknet der Hügel sehr schnell aus – vor allem bei sandigem Boden.

Der Kompromiss

Bei guten Böden bringt das Hügelbeet kaum Nutzen. Es ist jedoch dort interessant, wo Holz als Nebenprodukt leicht verfügbar ist und wo der Frost die biologische Aktivität an der Oberfläche einschränkt, zum Beispiel in den Bergen, oder auf Böden, die sich zum Anbau nicht eignen (zu nass, zu trocken, ausgelaugt). Sollten Sie sich für ein Hügelbeet entscheiden, lesen Sie mehr auf Seite 38.

Grundprinzipien für ein Hügelbeet

Es gibt unzählige Modelle von Hügelbeeten hinsichtlich der Länge, Breite, Seitenteilen mit Holzplanken, doch das Grundprinzip ist immer gleich:

- Man verwendet lokal vorhandenes Material.
- Der Beethügel wird stets mit einer vor Ort gewonnenen Mulchschicht bedeckt. Nur im zeitigen Frühling lässt man sie weg, damit der Boden sich rascher erwärmt.
- Das Substrat wird nie umgegraben, nur mit der Grabegabel belüftet.

Ringelblumen sollte man im März vorziehen und zu Beginn der Saison auspflanzen, damit sich Raubwanzen vor dem Herbst dort ansiedeln können.

Die Pflanze und ihr Insekt
RINGELBLUME UND RAUBWANZE

Die Ringelblume gehört zu den Wirtspflanzen etlicher Raubwanzenarten aus der Gattung *Macrolophus*. Aus der Ferne ähnelt diese Wanze einer Schwebfliege. Die Raubwanzen ernähren sich von Weißen Fliegen, Spinnmilben, Thripsen, Blattlauslarven, Minierfliegen-Larven. Daher werden sie seit 30 Jahren als biologischer Pflanzenschutz gegen Mottenschildläuse (Weiße Fliege) an Tomatenpflanzen eingesetzt. Die Raubwanze zapft die Triebe von Ringelblumen an, ernährt sich vom Pflanzensaft und von Blütenpollen. Auf den Blüten findet sie auch ihr Leibgericht, vor allem Springschwänze, Weiße Fliege und Zwergzikaden. Wenn die Ringelblumen nicht direkt dort wachsen, wo das Schädlingsproblem aufgetreten ist, manchen Sie es wie die Erwerbsgärtner: Schneiden Sie einen Ringelblumenstängel mit *Macrolophus* ab, tragen Sie ihn in einer Schachtel mit Erde (damit die Tiere nicht verloren gehen) zu der Kultur, die sie schützen möchten, und lassen Sie die Nützlinge frei. Man benötigt nicht besonders viele Raubwanzen. Etwa 2 Raubwanzen pro m^2 Kultur müssten ausreichen.

Die Raubwanze *Macrolophus pygmaeus* ist ein bedeutender Fressfeind von Weißen Fliegen, Läusen, Thrips und Minierfliegen-Larven (bei Melonen, Gemüsepaprika, Zucchini, Aubergine, Erdbeere). *M. caliginosus* jagt besonders Weiße Fliegen.

Der Schnitt des Pfirsichbaums erfolgt spätestens Anfang März, dabei schneidet man die Hälfte des Volumens heraus.

Erdbeeren müssen alle 3 Jahre erneuert werden.

ARBEITEN IM OBSTGARTEN

Mit der Gartenhacke

- Säubern und jäten Sie um die roten Beerenobststräucher herum deren Wurzelbereich, verletzen Sie keine Wurzeln. Mulchen Sie danach mit reifem Kompost.
- Bringen Sie halbgaren Kompost unter den Obstbäumen aus.

Bereiten Sie Zukünftiges vor

- Bereiten Sie den Boden für die Blumensaat im Mai vor.
- Nehmen Sie Stecklinge von Kiwi, Feige, Stachelbeerstrauch und Wein zur Vermehrung.
- Setzen Sie Erdbeerpflanzen. Bedecken Sie die jungen Pflanzen zum Schutz vor dem Frost mit einem Vlies.
- Pflanzen Sie Obstbäume aus, die in Töpfen oder Containern gezogen wurden.

Pflege

- Bei Trockenheit gießen, besonders die jungen Pflanzen.
- Ersetzen Sie bei eingetopften Beerenobststräuchern einige Zentimeter der obersten Bodenschicht durch neue Pflanzenerde.
- Schützen Sie frühe Blüten von Spalierobst am Haus durch das Anbringen einer Schutzfolie vor Frost.

Mit der Baumschere

- Schneiden Sie Aprikosen-, Apfel- und Birnbäume, Kiwisträucher, Beerenobst wie Schwarze Johannisbeere, Stachelbeere, Gartenbrombeere, Himbeere und die Zitrusbäume.
- Beenden Sie den Pflegeschnitt der Arten, die noch nicht geblüht haben.
- Schneiden Sie Pfirsich- und Pflaumenbäume während der Blüte. Dann erkennen Sie die Astaustriebe leichter.

In der Kompostecke

IM MÄRZ BESCHAFFE ICH MIR ALLES NOTWENDIGE

Bei Permakultur ist der Kompostplatz im Garten unverzichtbar, das heißt es gibt keinen einfachen Haufen, der irgendwo weitab im Garten versteckt wird. Der Kompostplatz muss eine ausreichende Fläche besitzen, um Material zu lagern und mehrere Komposthaufen aufzuschichten sowie dort herumlaufen und leicht arbeiten zu können. Ideal wäre es, wenn eigens eine Gartenhütte für die zu den Kompostierarbeiten notwendigen Materialien und Werkzeuge vorhanden wäre.

Bau des Komposters: Bauen Sie sich 3 Komposter aus 12 unbehandelten Holzpaletten. Achten Sie dabei auf die Bezeichnung. Nur die Bezeichnung HT garantiert Ihnen ungefährliches Holz. Dieses Holz wurde nur erhitzt, um pathogene Keime abzutöten. Wenn Sie die Bezeichnung MB lesen, dann handelt es sich um ein mit Methylbromid behandeltes Holz. Das dürfen Sie auf gar keinen Fall verwenden.
Für eine Gartenfläche von 500 m² mit Rasen, Beeten, einer belaubten Hecke von ca. 50 m Länge und einem Gemüsegarten für 4 Personen genügen 3 Komposter zu je 1 m³ Volumen. Während des Zersetzungsprozesses verringert sich das Volumen des Grünabfalls um zwei Drittel. Aus einer 500 l Komposttonne gewinnt man ca. 150–250 kg garen Kompost.
Werkzeuge: Sie benötigen eine Mistgabel, einen Krail und eine Schaufel, vielleicht auch noch einen Grubber, eine Astschere für stärkere Zweige, einen Häcksler, ein Sieb, eine Plane (alte Pappschachteln, ein alter Teppich oder ein Jutesack sind nicht so schön anzusehen, tun es aber auch), eine Schubkarre und/oder einen großen Sack für den Materialtransport.

Angemessener Platz
Platzieren Sie die Kompoststelle geschützt vor Wind und praller Sommersonne, weil beide den Haufen austrocknen. Eine Hecke oder eine Strauchgruppe bieten ausreichend Schutz und Schatten. Wenn die Sträucher im Herbst das Laub verlieren, kommt der Kompost in den Genuss von Wintersonne. Verteilen Sie die Kästen auf dem nackten Boden, darüber schichten Sie ca. 20 cm Astschnitt, um eine gute Belüftung zu gewährleisten.

1 Pflanze, 2 Funktionen

BEINWELL: DÜNGER UND BIENENWEIDE

Der Echte Beinwell (*Symphytum officinale*) ist ein Gründünger, reich an Kalium, Phosphor und Spurenelementen (Bor). Sie können Beinwellsaat im März vorziehen und ab Mai auspflanzen oder Beinwell durch Teilung sowie Wurzelschnittlinge vermehren.
Man verwendet ihn in als Jauche zur Geschmacksverbesserung bei Kräutern, Tomaten und Kartoffeln und zur Unterstützung der Rosenblüte. Die Züchtung ‘Bocking 14’ bindet doppelt so viel Kalium wie die Art. So können Sie den Kaliumgehalt Ihrer Böden mit Beinwell verbessern:

- Geben Sie Beinwell zum Anreichern in den Kompost.
- Mulchen Sie mit Beinwell, um einen stabilen Humus zu erzeugen.
- Bereiten Sie Beinwelljauche vor, um Mangelerscheinungen punktgenau zu bekämpfen.
- Pflanzen Sie Beinwell um die Obstbäume herum. Seine langen Wurzeln holen Mineralstoffe herauf, ohne mit den Wurzeln der Bäume in Konkurrenz zu stehen.

Beinwell ist für Bienen sehr attraktiv. Die Spitze der Blütenkelche ist gefärbt, als würde damit der schwer passierbare Eingang in die Blüte markiert. Die Hummeln machen mit ihren Kauwerkzeugen daher von außen ein Loch in die Blüte und ernten auf diese Weise den Nektar. Sie eröffnen dadurch aber auch anderen Insekten den Zugang.

Die Blätter der Beinwell-Züchtung *Symphytum × uplandicum* ‘Bocking 14’ (auch Comfrey genannt) beinhalten viermal so viel Kalium wie guter Mist.

Kaum Insektenfraß und trockenheitsresistent: Kichererbsen haben in unseren Gemüsegärten eine Zukunft.

Zusammensetzung von 100 g gegarten Kichenerbsen

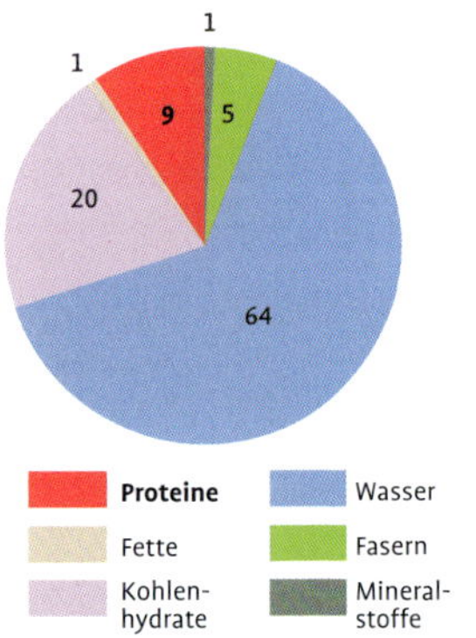

Verschiedene Sorten von Kichererbsen

Je nach Sorte werden schwarze, beigefarbene oder braune Kichererbsen gebildet. Die Sorten 'Kabuli' und 'Gulabi' sind hell, die Sorte 'Desi' ist gelb oder schwarz. Nehmen Sie einfach die nur getrockneten Kichererbsen, die zum Kochen im Handel angeboten werden, oder bestellen Sie beim Saatguthändler.

Grüne Proteine aus eigenem Anbau
KICHERERBSEN

Wissenschaftlicher Name: *Cicer arietinum*
Familie: Fabaceae
Volksname: Kichererbse
Herkunft: Türkei, Naher Osten
Bedingungen: volle Sonne, windgeschützt, leichter, sandiger Boden, kieselsäurehaltig, Temperatur > 20 °C

Ertrag: Der Erwerbsanbau erreicht bis zu 27 Doppelzentner pro Hektar, das heißt 2,7 kg pro 10 m^2. Rechnen Sie im Garten aber mit weniger: ca. 1 kg.

Das Perma +

Ein nahrhaftes Gemüse, das man für den Winter konservieren kann. Es braucht wenig Wasser und reichert den Boden mit Stickstoff an.

Kichererbsen-Anbau

Der Anbau von Kichererbsen ähnelt dem von Erbsen. Aber ohne deren typische Probleme, weil die Kichererbse tatsächlich widerstandsfähiger gegen Krankheiten ist. Und dank ihres Ursprungs im Mittelmeerraum verträgt sie auch Wassermangel besser. In Frankreich baut man sie im Südwesten und in der Normandie an, in Deutschland ist sie lediglich eine Nischenfrucht.

März: Im März oder April im Warmen aussäen. Gießen Sie einmal nach der Saat, später aber sehr sparsam.

Mitte Mai: Nach den letzten Frösten auspflanzen. Die Wurzelbildung ist immens, achten Sie daher auf den Reihenabstand von 40 cm und den Pflanzenabstand von 25 cm. Das Wetter bleibt ein Risiko: Die Blüten sind empfindlich bei Durchschnittstemperaturen unter 15 °C. Dann kann es zu verfrühtem Blütenfall und/oder schlechter Bestäubung kommen. Die Hülsen sind dann leer.

Ende September: Im Herbst trocknen die Hülsen und werden gelb. Dann können Sie ernten. Die Hülsen enthalten 1–3 Kichererbsen. Ziehen Sie die Pflanzen vorsichtig von Hand ohne zu schütteln aus dem Boden, damit die Samen nicht zu Boden fallen. Schütteln Sie die Pflanzen über einer Folie aus oder schälen Sie die Kichererbsen von Hand.

Yacón (Inkawurzeln) brauchen Platz, jeder Stock benötigt etwa 1 m^2 Fläche. Die Speicherwurzeln können mehr als 1 kg erreichen.

Lust auf Ungewöhnliches
YACÓN

Wissenschaftlicher Name: *Smallanthus sonchifolius* (auch *Polymnia sonchifolia*)
Familie: Asteraceae
Volksname: Yacón, Inkawurzel
Herkunft: Südamerika, Andenregion

Bedingungen: leichter Halbschatten oder keine zu pralle Sonne, frischer, gut durchlässiger Boden, zudem auch locker, humusreich und tief
Ertrag: 5–10 kg/m^2, ca. 210 Tage von der Pflanzung bis zur Ernte

Das Perma +

Ein frei stehendes Gemüse, das keine Krankheiten kennt, hohen Ertrag liefert und spät in der Saison verzehrreif wird.

Yacón-Anbau

Dieses Knollengemüse liebt Hitze. In kühleren Regionen baut man es geschützt im Gewächshaus an, um einige Grad an Wärme zu gewinnen. Spät in der Saison bildet die Pflanze große Speicherwurzeln aus. Man schält sie wie Kartoffeln, dämpft oder brät sie und verzehrt sie mit etwas Butter und einer Prise Salz.

März: Legen Sie ein Stück der Wurzel in 20 °C warme Anzuchterde und lassen Sie die Spitze herausschauen. Wachsen lassen.

April: Setzen Sie jedes Wurzelstück in einen separaten Topf.

Mai: Wenn die Frostgefahr vorüber ist, pflanzen Sie ins Freiland aus. Die Pflanzen werden bis zu 1,5 m, manchmal auch 2 m hoch.

Oktober: Ernten Sie so spät wie möglich, wenn der Frost die Blätter welken lässt. Die Yacon bildet ihre Speicherknollen spät in der Saison. Falls nötig, schützen Sie sie mit einem Pflanzenvlies für den Winter. Graben Sie die Wurzeln bei Bedarf für eine möglichst günstige Konservierung aus. Schneiden Sie dazu erst die Triebe direkt über dem Boden ab. Dann graben Sie vorsichtig mit der Grabegabel die riesigen Knollen aus, mit Wasser abspülen und im Schatten trocknen lassen. Ausgegraben halten sich die Wurzeln etwa 3 Wochen. Häckseln Sie das gesamte Grün und die Stängel und verteilen Sie es als Mulch oder geben Sie es zum Kompost.

Von der Inkawurzel lagert man zweierlei: die Wurzel, aus der sich die neue Pflanze entwickelt und die Speicherknollen, die man verzehrt.

Super-Hügel

Das Gehölz-Hügelbeet, auch Hügelkultur genannt, besteht aus Stämmen, Rundhölzern, Ästen, Blättern und Reisig, das man etwa 1 m hoch auftürmt und dann mit Erde, Stroh, Küchenabfällen und reifem, stickstoffhaltigem Mist bedeckt. Dieses Hügelbeet ist zwar kompliziert zu bauen, es hat aber eine Lebenserwartung von etwa 6–8 Jahren. Bis es seine Leistung völlig entfaltet, dauert es allerdings 2–3 Jahre.

Und wenn ...
ICH EIN HÜGELBEET ANLEGE?

Sobald Sie die Vor- und Nachteile eines Hügelbeets (s. Seite 32) sorgfältig abgewogen haben und sich tatsächlich in das Abenteuer wagen wollen, sehen Sie hier, wie man vorgeht.

Ein Hügelbeet anzulegen heißt nicht, dass man einfach nur eine Senke mit Holz füllt und obenauf organisches Material verteilt. Das wäre eine wirklich keine gute Idee sowie eine echte Zeit- und Energieverschwendung. Für ein Hügelbeet sollten Sie ein leicht nachzubauendes, erprobtes Modell zum Vorbild nehmen. Hier zum Beispiel die Sandwich-Bauweise oder das Morez-Hügelbeet, benannt nach dem Agrarwissenschaftler Robert Morez, der 12 Agrarökologische Schriften (*Chahiers de l'agroécologie*) schrieb und mit Pierre Rabhi zusammengearbeitet hat. Diese Art Hügelbeet ist nach strengem Schema in 3 Lagen gleicher Stärke aufgebaut: eine Schicht mittlerer und großer Hölzer, eine Schicht zellulosehaltiger Materialien und schließlich eine stickstoffspeichernde Schicht aus Grüngut (Blätter), die man unbedingt braucht, sonst droht Stickstoffmangel.

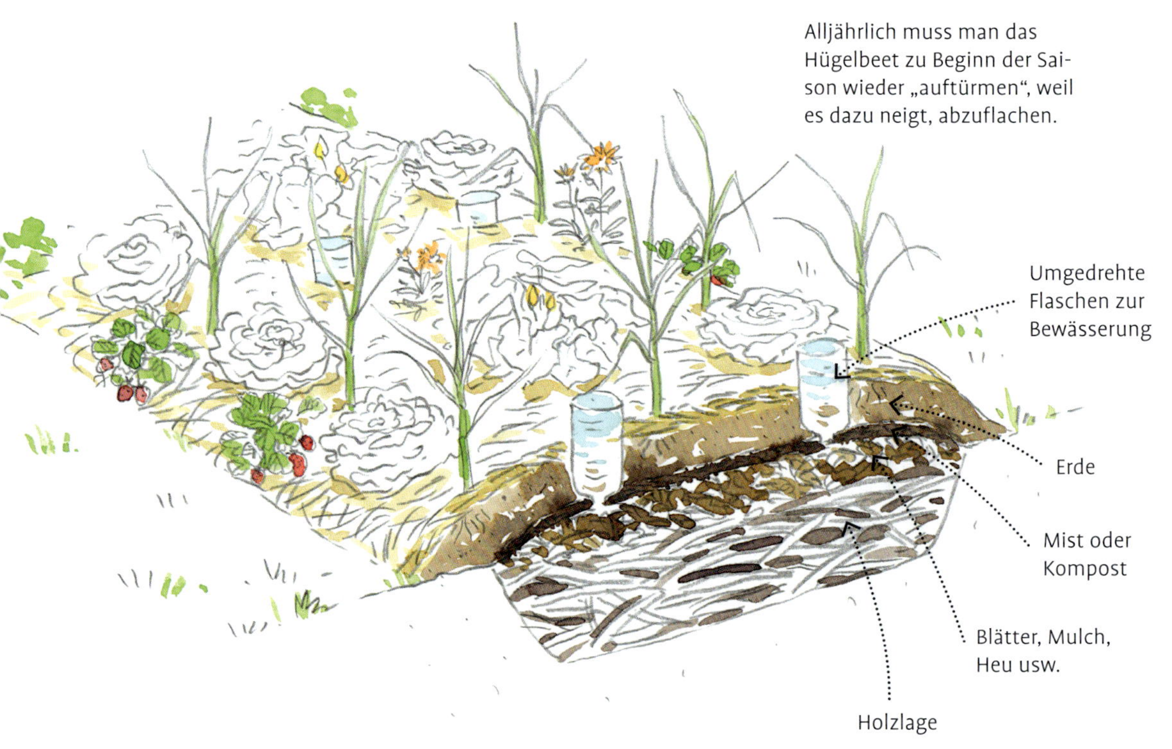

Über jede Lage im Hügelbeet sollten Sie etwas Holzasche streuen, als Kaliumquelle.

Wann beginnt man?

Man sollte vorzugsweise im Herbst ein Hügelbeet anlegen. Dann hat das Beet Zeit, sich zu setzen, das organische Material beginnt sich zu zersetzen und der Kern des Beets ist im Frühling ausreichend feucht. Zudem gibt es im Herbst reichlich organisches Material: Astschnitt, letzte Rasenschnitte, gefallenes Laub, Reste aus dem Gemüsegarten und den Blumenbeeten. Auf diese Weise kann man das ganze organische Material sammeln und nutzbringend recyceln.

So geht's zum Hügelbeet!

- Einen Graben von 35 cm Tiefe ausheben. Die Erde sorgfältig lagern.
- Am Boden Äste oder Kletterpflanzenabschnitte von 30 cm Länge in gleicher Richtung auslegen. Alles verdichten.
- Getrocknetes oder grünes Laub, Stroh oder Heu darüber verteilen. Alles festdrücken und reichlich wässern.
- Nun eine Lage Mist oder Kompost darauf verteilen, dann Gießen.
- Die ausgehobene Erde oben draufschichten und die Flächen glätten.
- Nun ist der Boden bereit zum Bepflanzen und Säen.

Die Bewässerung erfolgt durch kleine „Speicher" oder tropfenweise Beregnung und Bewässerungsschläuche.

Und dann? Der Beethügel wird sich rasch erwärmen (wie ein Komposthaufen), dann pendelt sich die Temperatur ein, wird sich wieder verringern, aber der Kern des Hügels bleibt immer etwas wärmer als die umgebende Erde. Nach spätestens 6 Jahren wird das Volumen des Hügels auf die Hälfte reduziert sein. Dann sollte man das ganze organische Material als Mulch unter Hecken und in Beeten verteilen und einen neuen Hügel aus frischem Schnittgut und Grün auftürmen.

Das Substrat des Hügels bearbeitet man nur oberflächlich. Man jätet und gibt heruntergerutschtes Material (einschließlich Unkraut) wieder auf den Haufen.

Was man unbedingt vermeiden sollte:

- Ein im Verhältnis zur eigenen Körpergröße zu großes Hügelbeet anzulegen. Sie müssen die Mitte in Armeslänge ohne große Anstrengung erreichen können.
- Den Fuß des Beetes einfach so zu belassen, wenn der Boden sandig ist. Der Hügel rutscht bei sandigem Boden schnell ab. Man sollte das Beet mit einem Korsett aus Brettern rahmen.
- Bewurzeltes Unkraut (Brennnesseln, Quecken, Fingerkraut, Klee) auf das Hügelbeet zu werfen. Es wächst wieder an.
- Unerwünschte Fruchtstände auf das Hügelbeet zu geben. Obwohl die Gemüsesaat auf dem Hügelbeet eher kompliziert ist, schaffen es die Unkräuter immer irgendwie zu keimen!

Vervielfachung des Mikroklimas

Je nach Ausrichtung des Hügelbeets (N/S oder W/O) entstehen unterschiedliche Standortbedingungen – besonders trocken, besonders sonnig, besonders schattig, dem Wind ausgesetzt oder geschützt. Dadurch kann man Pflanzen mit unterschiedlichen Ansprüchen zusammen anbauen. Die besonders durstigen Pflanzen (Mais, Kürbis und Zucchini) setzt man oben, die anspruchsloseren auf halbe Höhe (Schräge) und unten am Fuß des Hügels (z. B. Zwiebeln, Erdbeeren und verschiedene Kräuter).

Wie lege ich eine Pflanzengilde an?

„Pflanzengilde", „Baumgilde" oder auch „Fruchtgilde" – diese für die meisten Gärtner eher unbekannten Begriffe – wurden durch die Permakultur geprägt. Tatsächlich handelt es sich um eine Gemeinschaft von Pflanzen, die ein Mini-Ökosystem miteinander bilden. In der Permakultur verwendet man hierfür den Begriff Gilde. Das Konzept öffnet auch den Blick für den „Waldgarten" (s. Seite 52).

Was ist eine Gilde?

Im Mittelalter verstand man darunter eine Gemeinschaft zur gegenseitigen Unterstützung. Händler, Handwerker, Bürger, Künstler mit gemeinsamem Interesse schlossen sich jeweils zusammen. Die Gilde im Garten ist eine Gemeinschaft von Pflanzen, die sich gegenseitig helfen und unterstützen. Es handelt sich um eine komplexe Gesellschaft, in der nur jene Mitglieder zugelassen sind, die zur Gesundheit und Kraft der Gemeinschaft positiv beitragen. Es handelt sich um eine sich selbst erhaltende Mischkultur, die um eine alle anderen Gewächse überragende Hauptpflanze herum wächst.

Tipps für eine erfolgreiche Pflanzengilde

- Wählen Sie Pflanzen mit ähnlichem Wasserbedarf.
- Wählen Sie Pflanzen unterschiedlicher Wurzelsysteme, damit die Wurzeln auf einer großen Fläche wandern und auch mehr Nährstoffe tief aus dem Boden saugen können.
- Stellen Sie Pflanzen unterschiedlicher Wuchshöhe und -form zusammen, auch so, dass eine an der anderen hinaufklettern kann.
- Setzen Sie pollenreiche oder nektarreiche Arten.
- Der Boden sollte ständig bedeckt sein. Denken Sie an Leguminosen als Mulch oder Gründünger.

Mais, Salbei und Kornblumen sind glückliche Nachbarn.

Beispiel 1: Miniatur-Gilde

Man pflanzt einen Johannisbeerstrauch von 80 cm Höhe. Um den Stamm im Abstand von 20 cm setzt man Grüne Bohnen als Stickstoffbinder. Darum herum platziert man Speicherpflanzen für Mineralien (Borretsch, Lupine, Tagetes, Schafgarbe) und Kräuter wie Estragon, Schnittlauch, Koriander, Petersilie und Knoblauch.

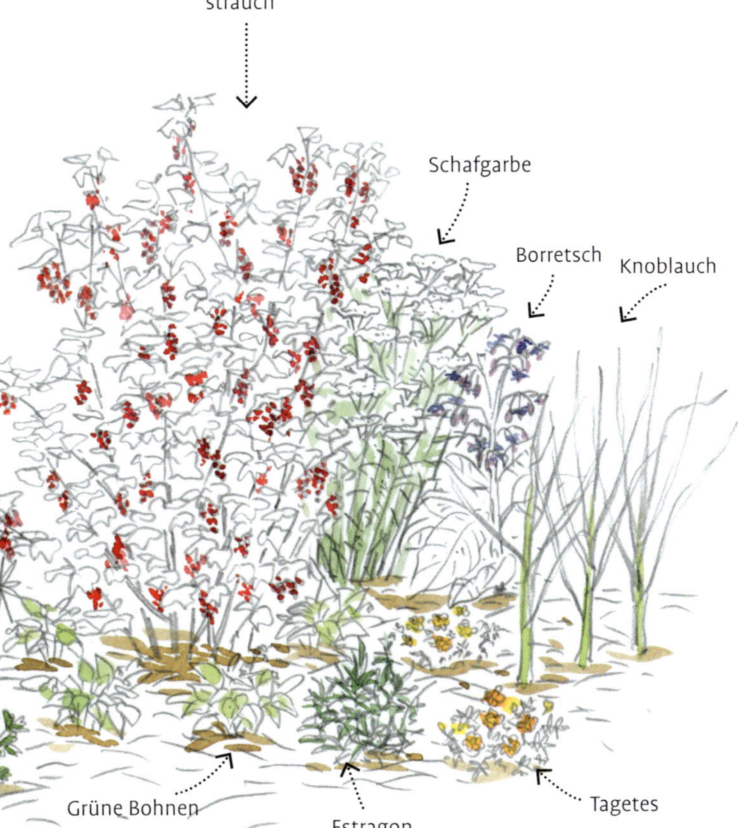

1 Anfang mit dem ersten Schritt

Pflanzen Sie einen 80 cm hohen Johannisbeerstrauch und säen Sie rundum im Abstand von 20 cm Grüne Bohnen als Stickstoffbinder ein.

2 Mein Geheimrezept

Pflanzen Sie um die Johannisbeere herum „dynamische Speicher“, die zur Remineralisierung beitragen. Deren lange, pfahlförmige Wurzeln holen Kalzium, Eisen und Magnesium aus der Tiefe: Chicorée, Löwenzahn, Krauser Ampfer, Borretsch, Lupine, Tagetes oder Schafgarbe.

3 Feinabstimmung

Zuletzt setzen Sie Kräuter mit kaum wuchernder Bewurzelung, z. B. Estragon, Knoblauch, Koriander, Petersilie usw. Sie tragen zum Schutz des Beerenstrauchs vor Krankheiten bei.

Eine mittelamerikanische Milpa: Mais, Grüne Bohnen und Kürbis werden zusammen angebaut.

Rubus 'Loch Ness', *Ribes* 'Hinnomaki', *Malus, Rudbeckia, Tagetes, Fragaria* und *Stachys*.

Alle Typen von Gilden

- Eine einfache Kulturgemeinschaft mit 3 Pflanzenarten zählt schon als Keimzelle einer Gilde. Dazu gehört die Milpa, auch Drei-Schwestern-Beet genannt (s. Seite 61). Der Mais dient als Rankhilfe für die Grünen Bohnen, die den Stickstoff in den Boden bringen, während die Kürbisgewächse als essbare Bodendecker dienen, die den Boden kühl halten.
- Gemüsepflanzen-Gilde: z. B. Tomate, Basilikum, Tagetes, Spinat und Kapuzinerkresse. Die Tomate liefert die Früchte, Basilikum regt ihr Wachstum an, die Studentenblume hält Nematoden auf Abstand und die Kapuzinerkresse fängt die Blattläuse ab, damit sie nicht über die Tomate herfallen. Und der Spinat sorgt dafür, dass erst gar kein unerwünschtes Kraut aufläuft.
- Heckenpflanzen-Gilde: z. B. Weißdorn, Stechpalme und Gartenbrombeere zusammen mit Gundermann (*Glechoma hederacea*). Die drei Sträucher bilden eine schützende Hecke, einen Rückzugsort für Vögel, und zwei davon sorgen für essbare Beeren. Der Gundermann überzieht den Boden.
- Miniatur-Gilde (siehe Seite 41).
- Fruchtgilde (gegenüber).

Super-Pflanzen, die den Boden remineralisieren

Pflanzen, die den Boden mit Nährstoffen anreichern oder sie speichern, besitzen gewöhnlich lange Pfahlwurzeln, die nach Spurenelementen suchen und diese für Pflanzen mit oberflächennahem Wurzelwerk aus der Tiefe herauffördern. In jeder Pflanzengemeinschaft findet man mindestens eine von ihnen. Löwenzahn fördert Natrium, Silizium, Magnesium, Kalzium, Kalium, Eisen und Kupfer nach oben, der Wegerich Silizium, Schwefel, Magnesium, Kalzium, Mangan, Eisen und die Petersilie Magnesium, Kalzium, Kalium und Eisen.

Die goldene Regel

Halten Sie sich bitte an die berühmte Dreier-Regel: Finden Sie mindestens 3 Gründe, um eine Pflanze in die Gemeinschaft aufzunehmen. Sie lockt entweder Bienen an oder bindet Stickstoff, hindert das Unkraut am Einwachsen, ist Nahrungsmittel, speichert Mineralstoffe, wehrt Parasiten ab, fügt einen Farbtupfer hinzu, ist Nahrung für Nützlinge, sorgt für Mulch und Humus, oder vieles mehr.

Beispiel 2: Fruchtgilde

Ein schöner Quittenbaum, umgeben von einer kreisrunden Fläche guten Bodens im Durchmesser der Krone (gute 2 m). Darunter 3 Fenchelpflanzen im Abstand von 1 m vom Stamm, 1 Rosmarin im Abstand von 2 m zum Stamm. Zwischen den Fenchelpflanzen Grüne Bohnen, Schnittlauch und Mangold. Wald-Erdbeeren dienen als Bodendecker.

Quitte

Fenchel

Grüne Bohnen

Schnittlauch

Mangold

Rosmarin

Wald-Erdbeeren

1

Den Obstbaum als Mittelpunkt pflanzen

Hier handelt es sich um eine Quitte. Im Durchmesser der Krone bringt man im Zweimeter-Radius guten Boden ein. Man kann auch einen Mispelbaum, Apfel, Aprikose, Kirsche, Pflaume oder Felsenbirne nehmen, die alle das Licht bis auf den Boden fallen lassen.

2

Unterpflanzung

Darunter setzen Sie 3 Fenchelstauden, ca. 1 m vom Stamm entfernt und einen Rosmarinbusch im Abstand von 2 m vom Stamm.

3

Zwischen den Fenchel

Hier pflanzen Sie Grüne Bohnen, Schnittlauch, Mangold und abschließend Wald-Erdbeeren als Bodendecker.

APRIL

Der Frühling hat viele Gesichter. Manchmal verhöhnt er die eigene astronomische, meteorologische oder gar kalendarische Definition. Aber es kommt jedes Jahr wieder, genau zur rechten Zeit und mit seiner unaufhaltsamen Kraft. Man weiß, dass er begonnen hat, wenn die erwachende Natur ihre Zeichen aussendet: der veränderte Klang in der Luft, der so vertraute Wind, die ohne Unterlass schwellenden Knospen, der Geruch der feuchten Erde, die den ersten Humus in sich aufnimmt. Spätestens dann weiß man, dass die schöne Jahreszeit für den Gärtner angebrochen ist.

ARBEITEN IM GEMÜSEGARTEN

Vorbereitung für den Sommer

- Lockern Sie die Erde des Gemüsegartens, rechen und ebnen Sie die Fläche.
- Säen Sie unter Glas Auberginen, Basilikum, Gurken, Zucchini, Salat (Schnitt-, Kopf-, Batavia-Salat und Chicorée), Mais, Melone und Paprika. Starten Sie mit Tomatenpflanzen.
- Direkt ins Freiland säen Sie Mangold, Rote Bete, Brokkoli (in mildem Klima), Möhren, Stangen- und Knollensellerie, Kohl-Sorten mit Ausnahme von Chinakohl, Schnittlauch und Kerbel. Machen Sie mit Gartenkresse, Spinat, Pflücksalat, Speiserübe, Zwiebel, Petersilie, Lauch, Erbsen und Radieschen weiter.
- Ziehen Sie im Haus eigene Jungpflanzen im Töpfchen (Salat, Kürbis, Kohl-Sorten). Dazu säen Sie die Samen ganz einfach in Papprollen voller leicht verdichteter und feuchter Anzuchterde. Die Pflanzen können ausgepflanzt werden, sobald sie etwa 10 cm hoch sind oder 4–6 Blätter (Salat) haben.

Die Aussaat im Frühbeet ermöglicht die Ernte der frühen Gemüse.

Ab ins Frühbeet!

- Pflanzen Sie Jungpflanzen von Artischocke, Grünem Spargel, Frisée-Salat, Kopfsalat, Romana, Endivie und Kohl-Sorten, die sie bereits im Februar/März gezogen haben, Estragon, Erdbeeren, Kartoffeln und Topinambur.
- Verjüngen Sie Sauerampfer, Lauchzwiebeln und Schnittlauch, indem Sie die Büschel ausgraben, in mehrere Partien teilen und dann in gut vorbereiteten, lockeren Boden einsetzen.

Basilikum ist wärmeliebend und geht schon bei einmaligem Frost ein. Es braucht mind. 15 °C zum Wachsen.

Blitzblank

- Putzen Sie die Erdbeerreihen aus. Pikieren Sie die kräftigsten Ausläufer. Jäten Sie das Unkraut, bringen Sie reifen Kompost ein und mulchen Sie mit Stroh. Schützen Sie junge Salatpflanzen mit Glocken oder Folientunnel.
- Vergessen Sie das Lüften der Frühbeete, Glocken und Tunnel während des Tages nicht, um die Feuchtigkeitsentwicklung zu verhindern und die Pflanzen abzuhärten.
- So mancher Rasen kann schon im April gemäht werden, lassen Sie jedoch die Flecken mit Gänseblümchen oder Günsel für die ersten Bestäuber aus. Diese Stellen werden erst gemäht, wenn alles abgeblüht ist oder wenn andere Rasenbereiche erblüht sind. Das wichtigste ist, diese frühen Blüten weitgehend zu erhalten.

Gartenkniff
Die glatten Erbsen enthalten mehr Stärke als die runzeligen. Man kann sie früher säen, weil sie robuster sind. Die runzeligen Erbsen hingegen sind zarter und süßer als die glatten.

Ein Schlüsselloch-Garten kann rund oder oval sein, wie dieses Beispiel.

Pro und Kontra
SCHLÜSSELLOCH-BEET

Ein Garten in Form eines Schlüssellochs besteht aus einem kreisrunden, erhöhten Beet, z. B. mit Mäuerchen, in dessen Mitte ein Komposter mit durchlässigen Seitenwänden errichtet ist. Eine Seite des Beets ist offen, damit man an die Erde herankommt. Von oben betrachtet ähnelt das Beet einem runden Beschlag mit Loch für einen Bartschlüssel. In England nennt man es *keyhole*. Diese von Permakultur-Gärtnern übernommene Art des Anbaus wurde ursprünglich in den trockenen Gebieten Afrikas genutzt, um den Menschen den Gemüseanbau für den Eigenbedarf selbst auf kargen Böden direkt vor dem Haus zu ermöglichen. Spülwasser und Brauchwasser (ohne Waschmittel) werden direkt auf den Komposter gekippt, der das Beet bewässert und die Nährstoffe aus dem Kompost durch Kapillarwirkung dort verteilt.

Pro

- Das Schlüsselloch-Beet ermöglicht den gleichzeitigen Anbau von trockenheitsliebenden Pflanzen an den Rändern in der Nähe der Steine und feuchtigkeitsliebenden Pflanzen rund um den Komposterkern.
- Man gärtnert, ohne sich bücken zu müssen.
- Die Pflanzen sind gut erreichbar und damit jederzeit einfach zu ernten.
- Ein schön gestaltetes Schlüsselloch-Beet verleiht dem Garten Relief und schmückt ihn.
- Die lichten Zwischenräume zwischen den Materialien beim Mäuerchen schaffen Raum für Insekten und Schlafplätze für Eidechsen.

Kontra

- In den meisten Gärten mit gutem Boden ist ein Schlüsselloch-Beet für Gemüse unnötig.
- Man hat erheblichen Konstruktionsaufwand.
- Wenn man es nicht mehr haben möchte, bedeutet es nochmals einen immensen Zeit- und Kraftaufwand beim Entfernen.
- Ein schlecht gestaltetes Schlüsselloch-Beet fällt unschön auf.

Der Kompromiss

Legen Sie ein Schlüsselloch-Beet für Gemüse an, wenn ihr Boden wirklich schlecht oder sehr nass ist. Fangen Sie jedoch mit einer kleinen Anlage an, um zu sehen, ob es sich für Ihre Verhältnisse eignet.

Kennen Sie Mandala-Gärten?
Der Mandala-Garten (vom Sanskrit-Wort für Kreis) ist von indo-tibetischer Tradition inspiriert und ein Klassiker der Permakultur. Seine Anlage basiert auf der Kreisform. Wie ein Rosarium ist er um einen Kern herum gestaltet. Die Kreisfläche ist wahlweise in Form von Quadraten, Kreisen, Dreiecken oder Spiralen unterteilt. Oft wechseln sich flache Beete mit Pflanzhügeln ab. Der Mandala-Garten kann thematisch konzipiert sein (z. B. Gemüse, Zierde, Heilkräuter) oder Gattungen und Pflanzen mischen.

Die Pflanze und ihr Insekt
FAULBAUM UND ZITRONENFALTER

Frangula dodonei (vormals *Frangula alnus* oder *Rhamnus frangula*), der Gewöhnliche Faulbaum, ist die Wirtspflanze für den sehr früh fliegenden Zitronenfalter (*Gonepteryx rhamni*), der auf den gerade geöffneten Blattknospen oder der Unterseite junger Blätter seine Eier ablegt. Danach dienen sie den Raupen als Nahrung. Die Eiablage fällt genau mit dem frühen Blattaustrieb des Faulbaums zusammen. Der Zitronenfalter überwintert als Imago, was sein frühes Erscheinen und die Ausflüge an ersten sonnigen Tagen erklärt. Die überwinterten Schmetterlinge vermehren sich im Frühling und die neue Generation fliegt im Juni/Juli aus. Eine zweite Welle kann man vor allem im Süden im August und September erleben. Der Faulbaum dient nicht nur als Unterschlupf, sondern produziert auch süßen Nektar am Boden der Nektarien seiner Blüten. Die Nektartracht erfolgt regelmäßig und relativ unbeeinflusst von Witterungsschwankungen, was ein großer Vorteil für Bienen ist. Faulbäume sind zudem Wirtspflanze weiterer Tagfalter, wie Faulbaum-Bläuling (*Celastrina argiolus*), Kreuzdorn-Zipfelfalter (*Satyrium spini*) oder dem türkisgrünen *Callophrys rubi fervida*.

Um den Winter zu überstehen, versteckt sich der Zitronenfalter im Efeu und produziert eine Art Frostschutz für seine Zellen, der dem Glycerin in Auto-Frostschutzmitteln vergleichbar ist. Dadurch hält er den Altersrekord unter den Schmetterlingen, weil er länger als 12 Monate lebt.

Eine Kiwipflanze im Alter von 4–5 Jahren hat einen Ertrag von 10 kg Früchten, nach dem 10. Jahr erhöht sich das auf das Sechs- bis Achtfache.

ARBEITEN IM OBSTGARTEN

Griff zum Spaten

- Setzen Sie Kiwipflanzen (*Actinidia* spec.). Diese fruchttragende Kletterpflanze ist einer der Lieblinge der Permakultur-Gärtner. Kiwipflanzen tragen reichlich lagerfähige Früchte und man kann sie unter Nachbarn, Freunden oder der Familie teilen. Die Pflanzen sind wüchsig und erklimmen Pergolen, die sie das ganze Jahr hindurch beschatten. Aber Vorsicht, sie benötigenw viel Platz. Eine Pflanze kann bis zu 10 m hoch wachsen und sich über 5–6 m ausbreiten! Meistens benötigt man eine männliche und eine weibliche Pflanze!
- Pflanzen Sie Himbeeren aus oder um.
- Pflanzen Sie alle Obstsorten aus Topfkultur aus.

Ein wenig Vermehrung

- Erfahrenere Gärtner vermehren jetzt Apfel- und Birnbäume durch Kopulation, Geißfußpfropfen oder Spaltpfropfen, Steinobst durch Geißfußpfropfen oder Rindenpfropfen und Aprikosen durch Spalt- oder Rindenpfropfen (besser aber im Sommer durch Okulation).
- Vermehren Sie Feigen, Himbeeren und Wein durch Stecklinge.

Vorsorge

- Entfernen Sie die Blüten der im Winter erst gepflanzten Obstbäume, indem Sie jede Blüte samt Stiel abknipsen.
- Bereiten Sie Schachtelhalmbrühe und Brennnesseljauche vorsorglich vor und versprühen Sie beides gegen drohende Pilzkrankheiten, damit Bäume und Sträucher gekräftigt werden.

Schachtelhalmbrühe: 100 g frische Pflanzen für 1 l Wasser, 24 Stunden stehen lassen, dann 30 Minuten bei milder Hitze köcheln. Filtern.

In der Kompostecke

IM APRIL GEHT ES LOS

- Lockern Sie den Boden am geplanten Standort des Komposters. Breiten Sie eine Lage kleiner Äste aus, was die Durchlüftung des Komposts begünstigt.
- Häckseln Sie alle verfügbaren Äste aus dem Garten. Das Zerhacken in kleine Schnitze ergibt eine große Oberfläche für den Kontakt mit Mikroorganismen. Das Aufspalten der Holzfasern ermöglicht eine bessere Aufnahme von Feuchtigkeit und Mikroorganismen, die den Gärprozess in Gang setzen. Praxistipp: Wenn Sie nur kleine Gartenabfälle (Laub, Stängel von Stauden, feine Zweige) haben, fahren Sie einmal mit dem Rasenmäher drüber, das ist ebenso wirkungsvoll!
- Schichten Sie lagenweise auf den Komposthaufen, was vorhanden ist: eine Schicht trockenen Rasenschnitt, eine Schicht Laub

oder Häckselgut, eine Schicht Küchenabfälle, eine Schicht Unkraut, dann wieder gehäckseltes Geäst. Die ideale Höhe von etwa 10 cm pro Lage sollte man nicht überschreiten. Gelegentlich streuen Sie eine Schaufel Erde darüber. Wenn vorhanden, verteilen Sie zwischen den Schichten auch noch frische Brennnesselstängel ohne Wurzeln. Sie bringen den Stickstoff ein, der für die Arbeit der Bakterien beim Zersetzen der organischen Stoffe nötig ist.

- Versuchen Sie den Haufen möglichst kompakt zu halten. Die kompakte Form bewahrt die Wärme besser.
- Wässern Sie den Haufen bei Austrocknung, doch sollte er nicht tropfnass werden. Wenn man eine Handvoll Kompostgut ausdrückt, darf kein Wassertropfen herausquellen.
- Bedecken Sie den Komposthaufen mit Astschnitt oder Pappkarton, damit er nicht austrocknet.

Früher wurden alle Teile der Wald-Erdbeere zu medizinischen Zwecken genutzt.

1 Pflanze, 2 Funktionen

WALD-ERDBEERE: BODENDECKER UND LECKEREI

Trotz ihrer fragilen Gestalt ist die Wald-Erdbeere unverwüstlich. Egal ob Sonne oder Halbschatten, nach einigen Jahren bildet sie einen dichten Teppich. Sie wird nie krank. Als Bonus liefert sie uns schmackhafte, kleine Früchte, die man unter dem Blätterversteck suchen muss. Dicke, erntereife Früchte sind ein wahrer Schatz, weich und von unvergleichlichem Aroma. Es lohnt sich, Wald-Erdbeeren anzubauen, weil die Früchte nicht transportgeeignet sind und man sie nur selten im Handel findet. Man bekommt aber nur schwer eine Schale voll – weil sie von der Hand direkt in den Mund wandern. Amseln und Igel verspeisen die Frucht auch gerne und meistens vor uns, ebenso wie die Nacktschnecken. Aber die Pflanze trägt reichlich und es reicht für alle.

Wilde Wald-Erdbeer-Stauden blühen nicht mehrfach, sie tragen je nach Region von Mai bis Juni. Die Pflanzen lieben den Schatten von Hecken oder Staudenbeeten, man kann sie auch in einer Fruchtgilde (s. Seite 40) als Bodendecker setzen. In kühleren Regionen gedeihen sie auch in der vollen Sonne, sofern der Boden nicht zu schnell austrocknet. Die Entnahme von Exemplaren aus der Natur ist aber verboten. Kaufen Sie ihre Wald-Erdbeeren daher im Gartenmarkt. Pflanzen Sie 6–8 Stück pro m². Es gibt Sorten ohne Stolone, die sich durch Samen vermehren, wie 'Baron Solemacher' in Rot und Weiß. Deren längliche Früchte sind etwas größer als die der Wildform, ihre Ernte beginnt im Spätfrühling und zieht sich bis zum ersten Frost hin. Zudem gibt es Sorten mit oder ohne Stolone, die durch Teilung vermehrt werden, z. B. 'Alpine' (weiß) oder 'Déesse des Vallées'.

Der Fall Mara

Die Erdbeerzüchtung 'Mara des Bois' ist keine Wald-Erdbeere, obgleich der Geschmack leichte Ähnlichkeit aufweist. Mara ist ein Züchtungserfolg der französischen Baumschule Marionnet aus den frühen 1990er-Jahren. Diese klassische, mehrfachblühende Erdbeere ist sehr erfolgreich, weil sie winterhart ist. Doch fehlt ihr sowohl die Widerstandskraft der Wald-Erdbeere wie deren Eigenschaft, innerhalb von 3–4 Jahren den Boden zu überziehen. Ihr Aroma ist zwar gut, erreicht aber bei Weitem nicht das Aroma der Wald-Erdbeere.

Dieses Pseudogetreide wird 60–200 cm hoch und gedeiht überall, vom Meer bis ins Gebirge.

Grüne Proteine aus eigenem Anbau
QUINOA

Wissenschaftlicher Name: *Chenopodium quinoa*
Familie: Chenopodiaceae
Volksname: Quinoa, Reis-Melde
Herkunft: Peru, Bolivien

Bedingungen: volle Sonne, durchlässiger, frischer Boden
Ertrag: Der Erwerbsanbau erreicht bis zu 3 t/ha, also 3 kg auf 10 m². Rechnen Sie wegen starker Schwankungen mit weniger Ertrag.

Das Perma +

Ein gut verdauliches Lebensmittel ohne Gluten, fettarm, reich an Eisen und Proteinen, das zudem alle lebenswichtigen Aminosäuren enthält.

Zusammensetzung von 100 g gegarten Quinoa

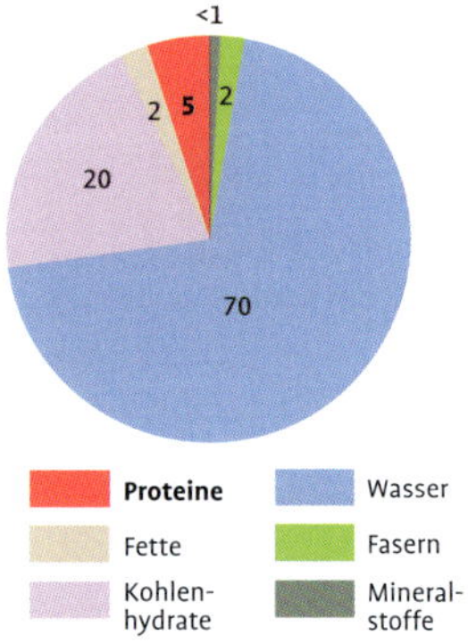

Quinoa-Anbau

Entscheiden Sie sich für eine Züchtung auf Basis der Sorte 'Dulce', die kaum oder gar keine Saponine enthält. Das Waschen der Samen ist dann weniger aufwendig, weil einmaliges Waschen unter fließendem Wasser genügt.

Mitte März: Säen Sie in ein verschließbares Kaltbeet. Die Pflanzen keimen rasch, wenn die Temperatur durchschnittlich 15 °C erreicht.

Mitte April: Vereinzeln Sie die Pflänzchen, sobald das Stadium der ersten echten Blätter erreicht ist, in kleine Töpfchen.

Mai: Sobald die Pflanzen 12–15 cm groß sind und keine Fröste mehr zu erwarten sind, pflanzen Sie alle an den endgültigen Standort im Abstand von 50–60 cm aus. Das Substrat sollte kompostreich, durchlässig, frisch und pH-neutral sein.

Ende August: Quinoa ist im August oder September erntereif, sobald sich die Körner von den Fruchtständen lösen. Schneiden Sie die Pflanzen ab und hängen Sie sie kopfüber an einer kühlen, trockenen und luftigen Stelle auf. Sobald die Stängel getrocknet sind, schütteln Sie die Samen über einem Tuch aus. Vor dem Verzehr waschen Sie die Samen mehrfach, um die saponinhaltige Schutzschicht zu entfernen. Diese ist nicht genießbar.

Lust auf Ungewöhnliches
MALABARSPINAT

Wissenschaftlicher Name: *Basella alba* 'Rubra'
Familie: Basellaceae
Volksname: Indischer Spinat, Malabarspinat, Baselle
Herkunft: Südindien

Bedingungen: Sonne, Wärme, nährstoffreicher Boden, frisch und belüftet, wasserdurchlässig und humos
Ertrag: durchgängig von Mai bis in den Herbst, pro Saison mehrere Kilogramm Blätter

Man findet entweder den rötlichen Indischen Spinat (*Basella alba* 'Rubra') mit rötlichen Trieben und grün-rötlich schimmernden Blättern oder *Basella alba* mit grünen Trieben und Blättern, wie hier im Bild gezeigt.

Das Perma +

Diese Pflanze produziert viel Biomasse, die nach der Ernte als Beetbedeckung verwendet werden kann. Blätter und junge Triebe werden durchgängig bis in den Herbst geerntet: Die Pflanzen wachsen hoch auf und beschatten so jene Arten, die keine direkte Sonne vertragen.

Malabarspinat-Anbau

Diese mehrjährige Rankenpflanze aus den Tropen wird bei uns als Einjährige angebaut. Sie braucht volle Sonne und eine warme Stelle, z. B. an einer Südwand.

März/April: Weichen Sie die Samen über Nacht in Wasser ein und säen Sie diese auf der Fensterbank einzeln in Anzuchttöpfchen.

Mitte Mai: Nach den Eisheiligen pflanzen Sie die Töpfchen ins Freiland – wie die Tomaten. Denken Sie an Rankhilfen, wenn die Pflanze in die Höhe wächst. Sie erreicht bis zu 2 m Höhe, in ihrer Heimat sind es sogar 6 m.

Mitte Juni: Kneifen Sie die jungen Triebe der Pflanze ab, damit sie sich verzweigt und dichter wird. Decken Sie Stroh über den Wurzelbereich. Ernten Sie ständig Blätter und neue Austriebe. Achtung nach dem Abpflücken welkt ihre Ernte rasch, wie Spinat. Die Zubereitung erfolgt ebenfalls wie Spinat, roh in gemischten Salaten oder gegart mit etwas Olivenöl und Meersalz.

Für die Gemeinschaft
Überlegen Sie mit den Schulen in der Umgebung, ob Sie nicht einen kleinen Gemüsegarten anlegen könnten. Sie hätten dann eine gute Gelegenheit, überschüssige Pflanzen abzugeben und zugleich den Kindern das Gärtnern und die Pflanzenwelt nahezubringen. Ein einfacher Kübel mit guter Pflanzenerde, darin eine Tomate und ein Basilikum, könnten in einer Schulklasse bereits Mittelpunkt des Interesses werden.

Nach durchschnittlich 3–4 Jahren verselbstständigt sich ein Waldgarten mit wachsendem Nutzen, den optimalen Ertrag erreicht er mit gut 10 Jahren.

Und wenn …

ICH EINEN MINI-WALDGARTEN ANLEGE?

Das Konzept

Man spricht dabei auch von einem essbaren Wald. Unser Waldgarten ist quasi ein Obstgarten mit unterschiedlichen Bewuchsschichten, der auf dem Konzept des Naturwaldes basiert, ohne ihn sklavisch zu imitieren. Eigentlich ist die Idee in den Tropen beheimatet. Robert Hart, einer der Pioniere dieser Idee vom essbaren Wald in Europa, legte im Jahr 1960 auf 500 m^2 in Großbritannien einen kleinen Waldgarten an. Er spricht von 7 Pflanzentypen, die einen Waldgarten mit 7 reichlich ertragabwerfenden Lagen ausmachen: hohe Bäume, Zwergformen von Bäumen und Sträuchern, Beerenobststräucher, Stauden, Wurzelgemüse, Bodendecker und Kletterpflanzen. Das **Ziel ist die reichliche und abwechslungsreiche Nahrungsmittelproduktion**, ergänzt um Holzertrag, Material zum Mulchen und Grünabfälle für den Kompost.

Ist das in unseren Breiten machbar?

Man könnte annehmen, dass das Modell des Waldgartens nur in tropischen und subtropischen Lagen wirkungsvoll genutzt werden kann und in unseren Breiten aufgrund von Lichtmangel nicht umzusetzen wäre.

Viele Beispiele in Großbritannien, in Österreich (Krameterhof auf 1500 m ü. NN) oder in der jordanischen Wüste (trocken und salzig) zeigen aber, dass die Analyse des Standortes und eine Nachahmung der natürlichen Ökosysteme fast überall auf der Welt möglich sind.

Was pflanzt man?

Obstbäume

Wählen Sie gut an die lokalen Verhältnisse angepasste, robuste (krankheitsresistente) und erprobte Arten aus, um möglichst lang Erträge zu erzielen. Außerdem sollten die Bäume reichlich fruchten und das Obst gut schmecken. Gehen Sie daher zu örtlichen Baumschulen oder Beratern der zuständigen Landwirtschaftskammer. Als Veredelungsträger empfehlen sich die nicht so stark wüchsigen Arten, weil man diese dichter pflanzen kann und die Bäume schon im jungen Alter Früchte tragen. Kleinere Bäume werfen zudem weniger Schatten auf die darunter liegenden Vegetationsschichten.

Eine schützende Hecke

Rahmen Sie Ihren Waldgarten wenn möglich mit einer Hecke aus Obstgehölzen ein (Obstbäume wie Apfel, Birne, Pflaume, Pfirsich als Halbstamm) gemischt mit Haselnuss- und Beerenobststräuchern (Schwarze Johannisbeere, Rote Johannisbeere, Aronia usw.)

Vermeiden Sie den Anbau von Wurzelgemüse im Radius von 2 m um die Bäume, damit deren Wurzeln beim Ausreißen nicht verletzt werden. Dünnen Sie das Geäst der Bäume gut aus, damit genug Licht hindurchfällt.

Gemüse

Unsere zumeist sonnenhungrigen Gemüsearten sind schlecht angepasst an den Waldgarten, der schattiger ausfällt als ein Gemüsegarten. Hier eine Liste der Arten, die Halbschatten vertragen: Topinambur (wuchert unter Umständen stark!), Guter Heinrich, Sommer-Lauch, Staudenkohl (Strauchkohl), Brennnesseln, Fenchel, Artischocken, Rhabarber, Erbsen, Feldsalat, Grüne Bohnen, Strandkohl (*Crambe maritima*), Krähenfuß-Wegerich (*Plantago coronopus*), Kopfiger Erdbeerspinat (*Chenopodium capitatum*).

Gewürzkräuter

Süßdolde, Sauerampfer, Liebstöckel (auch Maggikraut genannt, *Levisticum officinale*) oder Kümmel (*Carum carvi*).

Bodendecker

Wald-Erdbeeren, Bärlauch.

Beerenobst und Kletterpflanzen

Auf der Südseite Ihres essbaren Wäldchens setzen Sie Himbeeren. Die Fuchs-Rebe (*Vitis labrusca*), ein robuster und kräftiger amerikanischer Wein, kann am Stamm großer Bäume gepflanzt werden. Die Loganbeere und sämtliche Kiwi-Sorten sind auch interessant.

Mehr Licht

Wählen Sie passende Arten aus. Nicht alle Bäume lassen gleichviel Licht durch: Die Gewöhnliche Eberesche (*Sorbus aucuparia*) lässt 40 % des einfallenden Lichts durch, die Linde nur 5 %.

- Asten Sie die unteren Äste aus, damit das Blätterdach höher kommt.
- Lassen Sie ausreichend Platz zwischen den ausgewachsenen Bäumen. Die Abstände müssen größer sein als in einem Wald. Die Zweige dürfen sich nicht berühren.

Wie mulcht man richtig?

Wirkungsvolles Mulchen lässt sich nicht durch Improvisieren erreichen. Man verteilt nicht mal eben irgendetwas auf dem Boden. Wenn man sich nicht an die Regeln hält, könnte das Unterfangen sogar kontraproduktiv ausfallen.

1 Unkraut jäten

Gutes Mulchen beginnt mit sorgfältigem Jäten. Fangen Sie mit den Mehrjährigen an, vor allem die Pflanzen mit Pfahlwurzeln, die sich durch Mulchen nicht ausrotten lassen. Sie wachsen durch den Mulch hindurch und werden dabei noch kräftiger.

2 Lockern

Vorzugsweise sollte man den Mulch auf einem gut gelockerten, belüfteten Boden verteilen, damit die Mikrofauna ihre Arbeit schnell aufnehmen kann und die bodenseitige Mulchschicht zersetzt. Auch sollte Luft bis an die Wurzeln gelangen.

3 Gießen

Bei trockenem Boden macht es Sinn, vor dem Mulchen zu gießen, weil die nächste Bewässerung oder der nächste Regen durch die Mulchschicht hindurch nur schwerlich die Wurzeln erreichen dürfte. Wässern Sie in die Tiefe.

Kleine Geschichte des Stickstoffs

Das französische Wort *azote* geht auf den Chemiker Antoine Lavoisier zurück. Er verband darin die Negationspartikel *a* und *zoe* (Leben) aufgrund der Tatsache, dass das Gas die Lebewesen erstickte. Es bedeutet somit „gegen das Leben“, was ein Paradoxon ist. Wir alle kennen die Bedeutung von Stickstoff für alles Lebendige! Doch zur Zeit von Lavoisier kannte man weder Proteine noch DNS und noch weniger deren grundlegende Rolle für das Funktionieren des Lebens. Die Abkürzung N im Periodensystem der Elemente basiert auf dem lateinischen Namen *nitrogenium*, was wiederum aus dem Griechischen *nitron gennan* entlehnt wurde und „Salpeter-Bildner“ bedeutet.

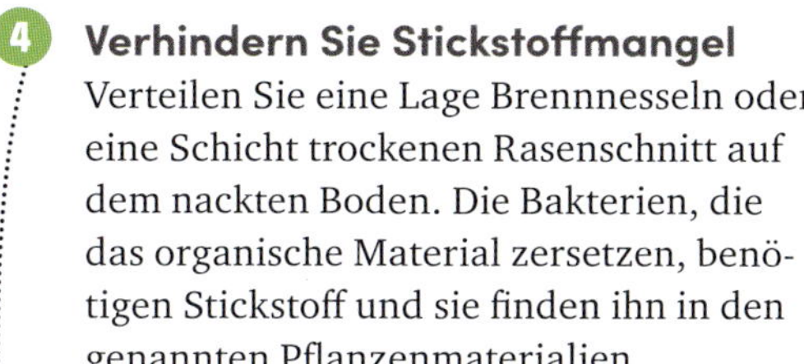

4 Verhindern Sie Stickstoffmangel

Verteilen Sie eine Lage Brennnesseln oder eine Schicht trockenen Rasenschnitt auf dem nackten Boden. Die Bakterien, die das organische Material zersetzen, benötigen Stickstoff und sie finden ihn in den genannten Pflanzenmaterialien.

5 Ausbreiten

Verteilen Sie den Mulch gleichmäßig und lassen Sie um den Hals der Pflanzen etwas Luft. Sie dürfen nicht zugeschüttet werden. Die Stärke der Mulchschicht hängt vom Ausgangsmaterial ab: wenige Zentimeter Gehölzhäcksel im Frühling, 30 cm Laubmulch im Herbst.

6 Mulch pflegen

Jede Woche muss man das von den Amseln verstreute Material wieder ordentlich auflegen. Man sollte Nacktschnecken, die sich darunter verstecken, regelmäßig absammeln. Und wenn die Schicht zusammenfällt, weil die Bodenfauna sie verzehrt hat, muss man oben nachlegen, z. B. in Form von halbgarem Kompost.

MAI

Nach altrömischer Sitte war der Monat Mai, *Maius mensis*, der Göttin Maia gewidmet. Sie war die Göttin des Frühlings und der Fruchtbarkeit. Wie wir wissen hält der Mai etliche Hürden auf Lager und jeder Tag ist ein Roulette-Spiel: die Tomaten zu früh, vor den Eisheiligen, gesetzt … und alle Jungpflanzen sind hinüber; Grüne Bohnen gesät, bevor der Boden 15 °C erreicht hat … und nichts geht auf; ein später Frosteinbruch bei den Kirschen … und Adieu Ernte; Hitze und Trockenheit für die Radieschen und sie sind nicht mehr genießbar. Der Mai ist also auch der Monat, der den Ertrag der kommenden Ernte bestimmt. Ein Hoch auf die Göttin Maia!

Ernten Sie ab Ende Mai die Grünen Bohnen sehr jung, dann schmecken sie am besten und die maximale Fruchtbildung wird angeregt.

ARBEITEN IM GEMÜSEGARTEN

Weiterhin aussäen

Säen Sie Basilikum, Petersilie, Koriander, Sonnenblumen, Radieschen, Lauch, Mais, Möhren, Mangold, Rote Bete.

Abhärtung

Beginnen Sie mit dem Abhärten aller Pflanzen, die Sie auf der Fensterbank oder unter Glas gezogen haben, indem Sie sie tagsüber nach draußen stellen und abends wieder hereinholen. Das sollte man gut 10 Tage lang durchführen, bevor man die Pflänzchen ins Freiland setzt. Die Zellwände härten dabei aus, wodurch die Setzlinge nach dem Auspflanzen die Sonne, den Regen und den Wind besser vertragen.

In die Erde!

- Nach den Eisheiligen Mitte Mai pflanzt man Tomaten, Auberginen, Zucchini, Gemüsepaprika, Melonen, Salat und Gurken. Decken Sie die Pflanzen mit einem Vlies ab, wenn die Wettervorhersage kalte Nächte ankündigt.
- Pflanzen Sie das Gemüse unter die Obstbäume, insbesondere alle Arten, die den Halbschatten vertragen: Radieschen, Salat, Mangold, Spinat. Sie können auch rankende Bohnensorten setzen. Spannen Sie Schnüre zwischen Boden und Ästen, woran die Bohnen emporranken, oder geben Sie Rankhilfen. Damit die Wurzeln des Baumes und der Gemüse nicht miteinander konkurrieren, legen Sie im Abstand von 80–100 cm um den Stamm herum einen Erdhaufen an, worin Sie die Gemüse säen oder pflanzen können.

Die Zucchinipflanze ist ein Vielzehrer, geben Sie daher ordentlich Kompost beim Pflanzen hinzu.

Der erste Erntekorb

Ernten Sie Erbsen, Radieschen, Speiserübe, Dicke Bohnen, Möhren, neue Kartoffeln, Zwiebeln und Salat: Daraus bereiten Sie das erste Gemüseallerlei des Jahres.

Vorsorge

Mulchen oder häufeln Sie die im Vormonat gesteckten Kartoffeln an, die ordentlich gewachsen sind. Sie können Rasenschnitt, Kompost oder Erde verwenden. Dadurch bleiben die Kartoffeln im Dunkeln und sie werden nicht vorzeitig grün.

Etwas Neues

Pflanzen Sie Süßkartoffeln in Anzuchttöpfe unter Glas. Sie können im Juni in einen großen Kübel von mindestens 30 cm Seitenlänge und Tiefe ausgepflanzt werden und dann draußen im Garten stehen.

Tipp

Beim Stecken der Zwiebeln säen oder pflanzen Sie am besten eine oder zwei Pflanzen Echte Kamille hinzu. Diese Pflanzenart hat pilztötende Eigenschaften.

Ein Durchmesser von 2 m begünstigt viele Mikroklima-Zonen und verbessert die Wirkung der Mauern. Eine Mindesthöhe von 1 m, schafft sonnige und schattige Bereiche sowie eine ausreichende Nutztiefe.

Pro und Kontra
KRÄUTERSPIRALE

Die Kräuterspirale ist ein mit Erde gefülltes Konstrukt, in dem eine ganze Palette an Kräutern unter unterschiedlichen Wachstumsbedingungen gedeiht. Sie ist wie das Hügelbeet oder der Schlüsselloch-Gemüsegarten ein fester Bestandteil der Permakultur geworden. Ist dieses dreidimensionale Beet aber wirklich nötig?

Pro

- Man kann darin unterschiedliche Mikroklima-Bereiche oder Biotope schaffen, die aufsteigend von der Basis bis zur Spitze immer trockener werden, es gibt sonnige und schattige Zonen sowie unterschiedliche Substratmengen. Auch kann man die Zusammensetzung des Substrats verändern. Man kann Mist oder Kompost unten zugeben, um unten eine nährstoffreiche, humose Erde zu erzielen, oder Sand und grobes Material im oberen Bereich für eine wasserdurchlässige, trockene Schicht.
- Man kann auf diese Art unterschiedliche Kräuter anbauen: oben jene Arten, die Nässe nicht gut vertragen, beispielsweise Rosmarin, Thymian, Lavendel, Salbei, Ysop, Bohnenkraut; unten auf der Nordseite gedeihen feuchtigkeitsliebende Arten wie Minze, Brunnenkresse und Melisse.
- Der Aufbau bietet der wilden Fauna, den Bestäubern und Echsen einen Unterschlupf.
- Die Steine speichern Wärme und geben sie nachts an die Pflanzen ab. Damit wird Sonnenenergie genutzt.

Kontra

- Diese Technik kommt aus England, wo sich das feuchte Klima, anders als bei uns, nicht gut zum Anbau von Gewürzkräutern eignet.
- Es ist eine Energieverschwendung (3–4 m^3 Steine, Backsteine, Abraumerde, Mutterboden, 100–150 kg Sand), die den Nutzen weit übersteigt, zumal die Kräuter nur ein Extra sind und keine Nahrungsmittel.
- Am Ende der Saison ähnelt die Kräuterspirale oft einem von Unkraut überwucherten Hügel.

Der Kompromiss

Legen Sie eine Kräuterspirale an, wenn der Anbau von Kräutern anders nicht gelingt – oder wenn Sie Spaß daran haben. Betonieren Sie die Mauer nicht und verwenden Sie keine Pflanzringe. Verwenden Sie Natursteine, um der Fauna reichlich verschiedenartigen Unterschlupf zu schaffen. Stecken Sie Bündel hohler Stängel in die Spalten und verfüllen Sie die Zwischenräume zwischen manchen Steinen mit Erde für die im Boden nistenden Solitärbienen.

Eine Kräuterspirale anlegen

- Legen Sie den Grundriss mit der ersten Steinreihe auf dem Boden aus. Ins Zentrum stecken Sie ein Armiereisen oder stabiles Drahtgeflecht.
- Eine guter Teil des „Weges“, der von der Mauer überragt wird, sollte Südlage haben.
- Platzieren Sie die weiteren Reihen so, dass die äußeren Steine zur Außenseite hin ein wenig schräg stehen, damit das Wasser ablaufen kann.
- Füllen Sie erst mit durchlässigem Material und dann mit Erde auf, was den Steinen Halt gibt.
- Verwenden Sie immer feinere wasserdurchlässige Materialien, je höher Sie die Spirale befüllen.

Die Pflanze und ihr Insekt

LABKRAUT UND TAUBEN-SCHWÄNZCHEN

Sicher haben Sie *Macroglossum stellatarum*, den großen pummeligen Schmetterling mit dem Flugbild eines Kolibris, schon einmal gesehen. Er fliegt mit 75 Flügelschlägen pro Sekunde auf der Stelle. Von April bis September sammelt das Taubenschwänzchen (auch Taubenschwanz oder Kolibri-Schwärmer) auf dieselbe Weise wie ein Kolibri im Flug den Nektar und bleibt dabei nicht unentdeckt. Dank seines langen Rüssels saugt er Nektar an Blüten ein, die für andere Insekten nicht erreichbar sind. Sein ungewöhnlich präziser und schneller Flug erreicht bis zu 50 km/h, womit er zu den schnellsten Schmetterlingen zählt.

Die Eier von *Macroglossum stellatarum* werden als Sammelgelege von ca. 200 Eiern komplett oder paarweise im Flug an das Labkraut (*Galium* spec.) geheftet, wobei der Schmetterling den Bereich auf Höhe der Blüten und Knospen der Wirtspflanze bevorzugt. Eine Woche nach der Eiablage schlüpfen die Raupen. Der Schmetterling besucht verschiedene Labkräuter, das Weiße Labkraut (*G. album*), das Echte Labkraut (*G. verum*) und auch das Klebkraut (*G. aparine*), außerdem auch den Kletten-Krapp (*Rubia peregrina*). Es ist daher wichtig, nicht alle unerwünschten Beipflanzen auszureißen. Lassen Sie einige davon an den Stellen stehen, wo sie nicht stören.

Das Taubenschwänzchen ist ein Wanderfalter. Im Winter trifft man ihn in den wärmsten Regionen des gemäßigten Klimas an (Spanien, Portugal, Italien, Türkei und Nordafrika).

Sehen Sie mehrmals in der Saison nach den Schnüren zum Anbinden des Obstspaliers, damit diese nicht in das Holz einschneiden.

ARBEITEN IM OBSTGARTEN

Pflanzen schützen

- Bereiten Sie Schachtelhalmbrühe zum Kampf gegen den Falschen Mehltau an den Erdbeeren und den Mehltau am Wein, die Kräuselkrankheit an Pfirsich und Aprikose, Schorf und Moniliose von Apfel und Birnen, Rost an den Johannisbeeren und Birnen vor.
- Hängen Sie in der zweiten Maihälfte Pheromonfallen in die Apfel- und Birnbäume, um den Apfelwickler zu kontrollieren.

Vorsorge

- Fertigen Sie Rankhilfen und binden Sie Kiwi, Wein, Gartenbrombeer- und Himbeersträucher, Feigen und alles, was an Schnüren gezogen wird, an den Stützen an.
- Gießen Sie weiterhin die im Herbst des Vorjahres gesetzten Obstbäumchen.
- Entfernen Sie überzählige Äpfel und Birnen.

In der Kompostecke

IM MAI IST FÜTTERUNGSZEIT

Damit der Kompost gut gart, muss man ihn mit Kohlenstoff und Stickstoff versorgen. Die Bakterien benötigen diese Stoffe für ihre

Womit füttert man den Kompost?

Gut	Schlecht
trockener Rasenschnitt in dünnen Lagen	nasser Rasenschnitt in dicken Lagen
Holzasche	Asche von Kohlen, Ruß (Kamin)
Gehölzhäcksel von Laubgehölzen	Gehölzhäcksel von Nadelbäumen (säuern den Kompost)
Laub (außer von Platane, Immergrüner Magnolie, Walnuss)	Laub von Platane, Immergrüner Magnolie, Walnuss, sofern es nicht gehäckselt ist
Obst- und Gemüseabfälle aus der Küche	Äpfel oder Pflaumen in großer Menge; Kohlstrünke, Wurzelgemüse, Schalen und Kerne von Avocados, sofern sie nicht klein gehackt sind
Mist von gras- und getreidefressenden Haustieren	Kot von Hund oder Katze
Eierschalen	Fleisch- oder Käseabfall (lockt Nager an)
Grünpflanzenreste mit Erdballen	erkrankte Pflanzen, wenn der Komposthaufen sich nicht über 60 °C aufheizt
Teebeutel, Kaffeesatz, unbedruckte Pappe, Papiertaschentücher, Küchenkrepp	Zeitungspapier in größeren Mengen, es wird zu einer matschigen, faulenden Masse
Unkraut	Unkräuter mit Samen, hartnäckige Wurzelunkräuter (z. B. Giersch, Quecke, Acker-Winde, Kriechendes Fingerkraut) oder Unkräuter mit Knöllchen (Sauerklee)

Zersetzungsarbeit. Ist nicht genügend Stickstoff verfügbar, so zersetzt sich der Haufen nicht. Bei Überschuss fault das Grüngut und der Kompost stinkt übel.
Für ein günstiges Verhältnis von Kohlenstoff und Stickstoff sorgt diese empirische, aber erprobte Methode: Verwenden Sie unterschiedliches Kompostiergut und schichten Sie es in Lagen von 10 cm Stärke ein. Wechseln Sie dabei immer schichtweise frisches, grünes Kompostgut (Rasenschnitt, Unkraut, Küchenabfälle) mit braunen, getrockneten Abfällen (Holzhäcksel, Pappe, trockenes Laub) ab.

1 Pflanze, 2 Funktionen

MAIS: SCHMACKHAFTE KOLBEN UND HILFREICHE STÜTZE

Pflanzengemeinschaften sind keine neue Idee. Dies beweisen schon die amerikanischen Ureinwohner, die Jahrhunderte, ja sogar Jahrtausende vor uns Mais, Grüne Bohnen und Kürbis zusammen anbauten. Das Trio ist kein Zufall, denn um den Mais herum profitiert jeder von jedem.
Der Mais ist eine große Pflanze mit festen, stelzenartigen Wurzeln. Er kann 1–3 direkt darum herum gesetzte Bohnenpflanzen stützen. Mit 1 m Abstand zu Mais und grünen Bohnen gedeiht eine Kürbispflanze, die nach und nach den Boden überzieht. Die Bohnen klettern dank dem Mais in die Höhe und binden Stickstoff im Boden. Der Kürbis bildet mit seinem großen Blattwerk eine Art lebendigen Mulch und sorgt für ein Mikroklima, bei dem die Feuchtigkeit nicht verdunstet. Er hält das Unkraut fern. Diese Pflanzengemeinschaft namens „Milpa" wird auch als die „Drei Schwestern" bezeichnet (s. a. Seite 42).

- Säen Sie den Mais in Anzuchttöpfchen und wenn die Pflanzen 10 cm hoch gewachsen sind, pflanzen Sie sie einzeln im Abstand von 50 cm aus.
- Sobald der Mais 15 cm hoch ist, stecken Sie in 1 m Abstand von den äußeren Maispflanzen 2 Kürbissamen und je 2 oder 3 Bohnenkerne zu Füßen jedes Maisstängels. Die Triebe führen Sie zwischen den Maispflanzen hindurch.

Manche indo-amerikanischen Völker pflanzen eine vierte „Schwester" hinzu, die unter dem Namen Spinnenpflanze oder Rocky-Mountain-Bienenpflanze (*Cleome serrulata*) bekannt ist. Sie lockt Bienen an und begünstigt somit die Bestäubung von Bohnen- und Kürbisblüten. Sie können sich ebenfalls die Milpa zum Vorbild nehmen und eigene Änderungen planen. Nichts hindert Sie daran, zwischen Kürbis, grünen Bohnen und Mais auch Salat, Blumen oder Kräuter zu kultivieren. Sie könnten den Mais auch durch Sonnenblumen oder Fuchsschwanz ersetzen und den Kürbis durch Zucchini. Als Wirtspflanze für die Bestäuber setzen Sie Thymian oder Lavendel.

Mais und Weiße Gartenbohnen

In Frankreich in der Region Béarn wir die Tarbais-Bohne, eine *Phaseolus-vulgaris*-Sorte mit weißen Bohnen, ebenso wie der Mais seit dem 18. Jahrhundert angebaut, denn beide Pflanzenarten sind seit jeher eng verbunden. Einer stützt den anderen. Die Bohnen heißen volkssprachlich daher auch „Mais-Bohnen". Ihr Fleisch hat einen zarten Schmelz und die Haut ist sehr fein, da der Schatten der Maispflanzen sie vor der Sonne schützt. Durch die Entwicklung im Schatten entsteht weniger Stärke als bei Bohnen ohne Maispflanzung. So ist diese Bohne besonders gut verdaulich. Bei uns könnte man die Mais-Sorte 'Golden Bantam' und den Hokkaido-Kürbis nehmen.

Am Fuß des Vulkans Acatenango in Guatemala wachsen Grüne Bohnen und Mais in Gemeinschaft.

Linsenpflanzen müssen goldgelb sein, dann sind sie erntereif. Lassen Sie die Pflanzen vor dem Ausklopfen 5–10 Tage trocknen.

Zusammensetzung von 100 g gegarten Linsen

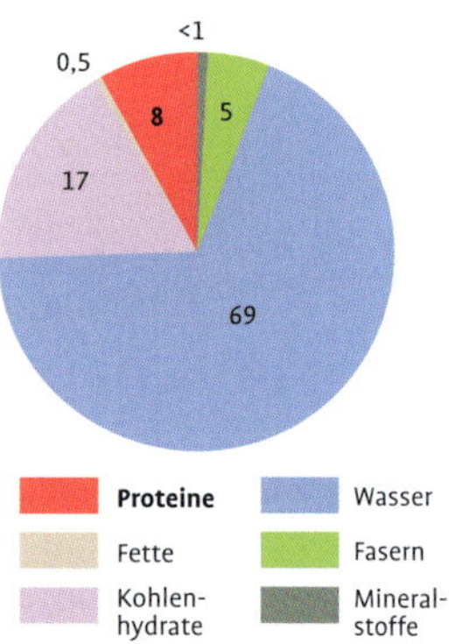

Grüne Proteine aus eigenem Anbau
LINSEN

Wissenschaftlicher Name: *Lens culinaris*
Familie: Fabaceae
Volksname: Linse
Herkunft: Mittlerer Osten, Fruchtbarer Halbmond zwischen Euphrat und Tigris (heutiger Irak)

Bedingungen: volle Sonne, Kalk- und Sandboden
Ertrag: Auf einem Linsenfeld sind es 400–700 kg/ha, das entspricht im Garten also 400–700 g/10 m^2. Rechnen Sie eher mit der niedrigen Angabe.

Das Perma +

Die Linse benötigt weder regelmäßige Düngung noch häufige Bewässerung. Als Vertreter der Hülsenfrüchtler verbessert sie den Boden. Sie ist nahrhaft und reich an Vitaminen sowie Mineralien.

Linsen-Anbau

Ende April: Säen Sie die Linsen, indem Sie im Abstand von 40 cm Saatrillen ziehen. Legen Sie je 3–4 Linsen im Abstand von ca. 30 cm hinein, dann mit 1 cm Erde bedecken und festdrücken. Nicht gießen.

Juni und Juli: Die Linse blüht. Nur bei extremer Hitze gießen, falls die Pflanzen gelb werden, welken oder wenn es nach der Blüte nicht regnet. Häufeln Sie die Büschel an, wenn die Pflanzen 10 cm hoch sind. Die feinen Triebe liegen nieder, stellen Sie daher ein feines Gitter auf, damit die Pflanzen sich daran festhalten können.

August/September: Ernten Sie, wenn die Hülsen trocken, aber noch geschlossen sind. Am einfachsten zieht man dazu die Pflanze heraus und hängt sie kopfüber auf. Wenn alles getrocknet ist, die Pflanzen kräftig ausklopfen, damit die Samen herausfallen. Lagern Sie die Linsen in einem luftdichten Gefäß.

Es gibt grünen und purpurroten Mizuna.

Lust auf Ungewöhnliches
JAPANISCHER SENFKOHL

Wissenschaftlicher Name: *Brassica rapa* var. *japonica*
Familie: Brassicaceae
Volksname: Japanischer Senfkohl, Mizuna
Herkunft: Küstengebiete in Nordchina, Korea, Japan

Bedingungen: Sonne, keine sommerliche Hitze; reicher, frischer, humoser Boden, gut dräniert
Ertrag: Dauerernte von Juli bis Herbst

Das Perma +

Japanischer Senfkohl oder Mizuna ist eine leicht kultivierbare zweijährige Pflanze, die einjährig angebaut wird. Sie ist relativ winterhart (–5 bis –10 °C) und liefert einen guten Herbst- oder Wintersalat.

Senfkohl-Anbau

Halb Salat und halb Kohl, ist diese alte, japanische Senfkohl-Varietät (Mizuna) sehr schnell wachsend. Dieses Gemüse liefert eine Menge dunkelgrüner, saftiger Blätter, die man im jungen Stadium roh im Salat wie Endivien (vom Geschmack her frisch, knackig, zart und etwas pikant) oder gegart wie Spinat verzehrt.

Mai bis September: Säen Sie in einer geschützten Gartenecke und staffeln Sie die Aussaat im Drei-Wochen-Rhythmus, damit Sie regelmäßig ernten können. Pikieren Sie die Pflänzchen nach Erreichen des Vier-Blatt-Stadiums in tiefen, frischen Boden. Der Abstand der Reihen sollte 25 cm betragen und zwischen den Pflanzen 20 cm. Man kann noch im Oktober unter Glas säen und die Blätter dann bis Dezember pflücken, danach ist Schluss. Schützen Sie die Pflanzen im Sommer mit Kisten vor stechender Sonne. Die Pflanze reagiert empfindlich auf Hitze, was zu vorzeitiger Samenentwicklung führt. Die ausdauernde, gesunde und wüchsige Pflanze benötigt weder Dünger noch Pflanzenschutzmittel.

Juli bis Dezember: Erntezeit (bis –5 °C halten die Pflänzchen aus). Schneiden Sie bei Bedarf immer wieder Blätter ab und Mizuna treibt neu aus. Sofort verzehren, weil die Blätter sich schlecht halten.

Für die Gemeinschaft
Planen Sie zwischen Mai und September eine Gruppenfahrt zu einem Permakultur-Betrieb. Der Heilige Gral ist der Krameterhof von Sepp Holzer in Österreich, 100 km südlich von Salzburg gelegen. Landwirte aus aller Welt kommen auf den Krameterhof, um mit eigenen Augen das Wunder der Permakultur zu bestaunen.
Informationen:
www.krameterhof.at

Küken handzahm machen

Kaufen Sie Hühnchen im Alter von ca. 2 Wochen. Nehmen Sie sie oft in die Hand und füttern Sie dabei Leckereien.

Wenn Sie einen Züchter finden, der etwas ältere Küken empfiehlt, fragen Sie, ob die Hühnchen schon daran gewöhnt sind, in die Hand genommen zu werden. Manche Züchter fassen die Küken regelmäßig an, damit sie sich schon von klein auf daran gewöhnen. Seidenhühner, Zwerghühner und Chabos (eine japanische Zwerghuhn-Rasse) lieben den Kontakt. Die sanften, ruhigen und freundlichen Orpington-Hühner, die nicht fliegen, eignen sich ebenfalls wunderbar als Haustier.

Die Küken oft in die Hand zu nehmen, sanft zu streicheln und sie von Hand zu füttern ist der einzige Weg, um sie handzahm zu machen.

Und wenn ... ICH MIR HÜHNER ANSCHAFFE?

Fünf Fakten, die man über die Hühnerhaltung wissen sollte

- Es sind lebende Wesen, keine Kinderspielzeuge, keine Komposter oder Tischabfall-Behälter. Fragen Sie sich ehrlich, ob und wie Sie den Hühnern einen Lebensraum bieten können, der diesem Namen auch gerecht wird.
- Das Veterinäramt und die Tierseuchenkasse müssen über die Hühnerhaltung informiert werden. Die Tiere müssen außerdem gegen Vogelgrippe geimpft werden. Bis zu 20 Hennen können gehalten werden, sie gelten dann als Kleintiere.
- Man muss mindestens 2 Hühner halten. Hühner sind Gruppentiere, die sozialen Kontakt mit ihresgleichen benötigen. Einzelne Tiere leiden und haben Stress.
- Ein Huhn hat einen Platzbedarf von mindestens 10 m^2. Sie benötigen einen trockenen Platz bei Regen und eine Wiese, damit sie darin umherhüpfen und Wurzeln, Würmer, Samen, Insekten, Nacktschnecken, Früchte und Steinchen aufpicken können.
- Erst im Alter von 6 Monaten kann man eine Henne von einem Hahn unterscheiden: Kamm und Kehllappen sind bei den Hennen schwach entwickelt. Gut ernährt, gepflegt und vor Fressfeinden beschützt können Hühner bis zu 10 Jahre alt werden.

Gute Unterbringung

- Bauen Sie an einer sonnigen, im Sommer nicht zu heißen Stelle im Garten einen Hühnerstall. Verwenden Sie feinen Hühnerdraht (Sechseckgeflecht), um die Hühner vor Beutegreifern zu schützen. Jedes Tier braucht eine Stange zum Schlafen und Nester zum Eierlegen. Der Stall sollte aus einem offenen und einem in der Nacht dicht verschließbaren, gut abgedichteten Abteil bestehen, weil Hühner gerne warm schlafen. Bei Tag sollten die Hühner sich vor Regen und Sonne unterstellen können.
- Unter den Sitzstangen stellen Sie Kisten mit Stroh auf, um den Kot sammeln zu können. Wechseln Sie das Stroh regelmäßig und werfen Sie den Mist auf den Kompost.
- Richten Sie eine Ecke mit Sand ein, damit die Hühner Sandbäder zur Pflege ihres Gefieders nehmen können.
- Planen Sie ein, den Hühnerstall einmal pro Woche gründlich zu reinigen.

Mit Hühnern leben

- Öffnen Sie den Stall allmorgendlich und sperren Sie die Hühner abends zu einer festen Uhrzeit wieder ein. Es gibt automatische Türen und Futterspender, die das Leben erleichtern. Lassen Sie

Nehmen Sie nicht die erstbesten Hühner. Vergewissern Sie sich, dass sie gut aufgezogen wurden und der Züchter seriös ist.

die Hühner nicht einfach so in den Gemüsegarten. Sie werden die Sämlinge ruinieren und die Erde auseinanderscharren.

- Das Huhn ist ein Haustier wie ein Kaninchen oder ein Meerschweinchen: Manche Tiere lassen sich hochheben und streicheln, wenn man sie von klein auf daran gewöhnt.
- Der Hahn ist trotz seines ohrenbetäubenden Krachs ein kostbares Tier, weil er die Hühner bewacht und Eindringlinge abhält.
- Ein junges Huhn legt in den ersten 3 Lebensjahren fast täglich ein Ei, später weniger. Es kommen 250 Eier pro Huhn pro Jahr zusammen. Ab dem 8. Jahr legt es keine Eier mehr. Über den Winter pausieren die Hühner auch fast völlig.

Welches Futter?

- Ein Huhn frisst 100–150 g täglich. Es ernährt sich von allen unseren Speiseresten: Fleisch, Gemüse, Eierschalen. Dadurch reduziert sich der Speiseabfall in der Tonne um 30 %. Man muss die Hühner jedoch auch mit Weizen, Hafer und Gerste füttern. Mais sollte es nicht zu viel sein, weil er zu nahrhaft ist. Füttern Sie zu einer festen Uhrzeit. Achtung, einige Lebensmittel sind für Hühner giftig: Sellerie, Kohlstrünke, verschimmeltes Brot, rohe Kartoffeln, Schalen von Zwiebeln, Bananen und Kiwis sowie stark salzige oder gewürzte Speisen.
- Stellen Sie täglich eine Tränke mit sauberem Wasser bereit.

Legehennen retten
Einige Tierschutzvereine empfehlen die Rettung von Legehühnern aus Bodenhaltung, die nach 18 Monaten der Eierproduktion zum Schlachter müssen. Oft kaufen diese Vereine die Tiere bei Hühnerzüchtern, die ihr Geschäft aufgeben. Sehen Sie dazu im Internet unter „www.rettet-das-huhn.de“ nach. Diese jungen Hennen können bei Ihnen noch viele Jahre glücklich leben.

Wie stelle ich eine Jauche her?

Jauche ist das gleiche wie ein Kaltwasserauszug, steht aber länger. Sie dient zur Kräftigung der Pflanzen, vertreibt Schädlinge und sorgt für Spurenelemente. Am bekanntesten ist die Brennnesseljauche, aber man kann auch aus anderen Pflanzen fermentierte Extrakte herstellen.

Grundrezept

Das Rezept für Brennnesseljauche lässt sich auch auf andere Pflanzen anwenden. Man benötigt:

- einen 20 l-Eimer
- 10 l Wasser, bevorzugt Regenwasser
- einen Eimer mit ca. 10 l grob geschnittener Pflanzenteile (Brennnesseln, Beinwell, Farn, Rainfarn, Beifuß), was ca. 1 kg frischer Pflanzen entspricht.

1

Ernte

Schneiden Sie die Pflanzen mit der Ast-, Hecken- oder Haushaltsschere ab. Der ideale Zeitpunkt ist, wenn die Pflanze ausgewachsen kurz vor der Blüte steht. Zerhacken Sie alles grob (mit dem Spaten oder der Hand-Heckenschere). Im Fall der Brennnesseln können Sie auch mit dem Rasenmäher darüberfahren. Aber Achtung: Ziehen Sie feste Schuhe an, denn geköpfte Brennnesseln stechen!

2

Einweichen

Füllen Sie den großen Eimer mit Brennnesseln und drücken Sie sie etwas hinein. Gießen Sie idealerweise Regenwasser darauf. Ist keines zur Hand, füllen Sie 24 Stunden vorher einen Eimer Leitungswasser ab, damit das Chlor entweichen kann. Stellen Sie den Eimer mit dem Ansatz draußen in eine geschützte, schattige Gartenecke.

Welche Pflanzen nimmt man?

- Brennnessel (*Urtica dioica*): Stickstoffdünger; nützlich gegen Läuse, Milben, Wickler und Nacktschnecken. Verdünnen auf 10 %.
- Knoblauch (*Allium sativum*): nützlich gegen Kräuselkrankheit bei Pfirsichbäumen, Welke von Sämlingen und Erdbeerfäule.
- Farne (*Pteridium aquilinum, Dryopteris filix-mas*): Insektizid gegen Blutläuse; zur Vergrämung von Maulwürfen.
- Rainfarn (*Tanacetum vulgare*): Insektizid gegen Kohlfliege, Blattläuse, Eulen (Schmetterlinge).
- Rhabarber (*Rheum rhabarbarum*): vertreibt Schnecken.
- Beinwell (*Symphytum* spec.): reich an Kalium und Bor, Kräftigungsschub für Pflanzen, stärkt die Abwehrkräfte und hilft bei Vernarbung von Gewebe.
- Schachtelhalmbrühe s. Seite 48

4

Grob Filtern

Filtern Sie zuerst einmal die groben Teile heraus, die man auf den Kompost oder als Mulch an die Pflanzen gibt. Danach filtern Sie mit einem möglichst feinen Sieb ein zweites Mal. Schütten Sie die Jauche in einen verschließbaren Behälter. Verwendung entweder sofort oder in den nächsten Tagen, verdünnt als Spritzmittel oder im Gießwasser. Merken Sie sich bitte, dass eine 5 %-Lösung bedeutet, Sie verwenden 1 Teil Extrakt und 20 Teile Wasser. Eine 10 %-Lösung besteht aus 1 Teil Extrakt und 10 Teilen Wasser. Bei 20 % sind es 1 Teil Extrakt und 5 Teile Wasser.

3

3 Rühren

Die Mischung beginnt zu gären und gibt dabei Gasblasen ab. Um den üblen Geruch zu verringern, rühren Sie 2- bis 3-mal am Tag die Brühe mit einem Holzstab um. Wenn die Mischung nicht mehr blubbert, ist sie fertig.

JUNI

Der Kirschenmonat bedeutet Marathon im Garten. Er sorgt für immer längeres Tageslicht und den längsten Tag im Jahr zur Sommersonnwende. Der Frost ist endgültig erledigt. Regenschauer und Himmelblau streiten sich um den ersten Platz, was den Blumen und Gemüsen zugute kommt, die nun mit Höchstgeschwindigkeit wachsen. Die langen Tage erlauben uns Gartenarbeit bis zum Gehtnichtmehr. Musikfeste und Johannisfeuer führen uns in den wunderbaren Sommerreigen.

ARBEITEN IM GEMÜSEGARTEN

Es ist noch Zeit für...

- das Säen von Basilikum direkt an Ort und Stelle bei den Tomaten, mit 2 cm Abstand zwischen den Samen.
- das Säen von Zucchini im Freiland zu Beginn des Monats, zu je 2–3 Kernen pro Pflanzloch.
- die letzte Aussaat von Radieschen vor der großen Hitze; legen Sie diese so an, dass die Pflanzen während der Mittagshitze Schatten haben.
- das Säen von lagerfähigen Roten Beten (z. B. die Sorte 'Crapaudine'), die man vor den ersten Frösten erntet und für den Winter konserviert.
- die weitere Saat von Grünen Bohnen, sofern die Bodentemperatur 12 °C für weiße und 10 °C für farbige Bohnenkerne beträgt, die die Kälte nicht so gut vertragen.
- das Säen von Möhren, Kohl-Sorten, Pflücksalat, Speiserübe, Kapuzinerkresse, Borretsch, Mais im Freiland.
- das Säen von Gründünger auf den freien oder gerade abgeernteten Parzellen, wo das Frühgemüse stand.

Nicht nachlässig werden

- Überprüfen Sie regelmäßig die Lage von Stroh und Mulch, die gewöhnlich dünner wird. Sie wird von den Regenwürmern „verdaut". Verwenden Sie den Rasenschnitt, den Sie trocknen lassen, und Unkraut.
- Entfernen Sie die Ausläufer der Erdbeeren.

Kleine Hilfestellung

- Dünnen Sie die jüngst gesäte Rote Bete und die Möhren aus, damit sie schön groß werden. Überschüssige Pflanzen kann man pikieren oder im Salat verzehren.
- Geizen Sie die Melonen und Kürbispflanzen aus, damit sie gut fruchten.
- Kartoffeln anhäufeln.
- Pflegen Sie den Teich, entfernen Sie wuchernde Pflanzen und schöpfen Sie die auf dem Wasser treibenden Pflanzenreste ab.
- Belüften Sie den Kompost weiterhin durch Umschichten.

Schnitt

- Schneiden Sie die Zehrtriebe ab, ein Sport für jeden, der die Tomatenpflanzen gerne ausgeizt (siehe folgende Seite).
- Schneiden Sie die Minze tief ab, damit ein buschiger Wuchs und schmackhaftere junge Triebe entstehen.

Wenn man das Stroh in den Beeten auffüllt, sollte man einen Blick auf die Erde werfen. Mit der Handharke zum Belüften etwas auflockern.

Nach dem Vereinzeln sollte die Rote Bete mindestens 10–15 cm auf Abstand stehen, damit sich die Rüben gut entwickeln.

Tipp
Lassen Sie einige Petersilienstängel blühen (im Laufe des 2. Jahres nach der Aussaat). Die frischen Samenkörner keimen besser als die getrockneten Samen (auch wenn diese frisch erzeugt wurden)!

Die „Zehrtriebe“, die bei Tomatenpflanzen in den Blattachseln wachsen, lassen sich leicht von Hand abbrechen.

Pro und Kontra

AUSGEIZEN BEI TOMATEN

Tomatenpflanzen treiben aus den Blattachseln neue Triebe, an denen sich Blätter und Blüten entwickeln. Diese nennt man zu Unrecht „Zehrtriebe“. Soll man sie wachsen lassen oder abbrechen (ausgeizen)?

Kontra

- Das Abbrechen der Triebe bedeutet für die Pflanzen Stress und lässt Wunden entstehen, die sich zu Krankheitsherden entwickeln könnten.
- In der Natur trägt die Tomatenpflanze auch Früchte, obwohl sie nicht ausgegeizt wird.

Pro

- In der Natur bildet die nicht ausgegeizte Tomatenpflanze Früchte, was richtig ist, doch die Tomaten bleiben klein, sind lediglich die Hülle für die Samen, das eigentliche Ziel der Pflanze. Wer schöne, fleischige Tomaten ernten möchte, muss ausgeizen.
- Der Schnitt der Tomatenpflanzen durch Ausgeizen führt zu höherem und früherem Fruchtertrag sowie einfacherer Ernte.
- Wer nicht ausgeizt, nimmt eine spätere Ernte, kleinere Früchte und einen geringeren Ertrag in Kauf.
- Manche Sorten werden sehr voluminös, wenn man sie frei wachsen lässt, z. B. die Andenhorn-Tomate ‘Andine Cornue’. Sie nehmen viel Platz ein und tragen sehr dichtes Laub.
- Wenn eine Pflanze zu wuchtig wird, lässt sie sich nur schwer stützen.

Tomatenblätter zum Teil entfernen

Egal ob man das Ausgeizen favorisiert oder nicht, ab Mitte Juli empfiehlt es sich, das Laub unten an den Tomatenstämmchen zu entfernen. Dadurch kommt Licht an die Pflanze und man vermeidet, dass bei Regen oder beim Gießen die Erde daranspritzt. Im September sollte man die meisten (50–80 %) der restlichen Blätter entfernen, damit die noch hängenden Früchte alle gut reifen.

Der Kompromiss

- Geizen Sie zumindest die Seitentriebe des Stamms unten an der Basis der Pflanze aus, falls nicht, entwickelt sich die Pflanze zum Riesenbusch. All diese Triebe lassen sich im Wasser bewurzeln und Sie gewinnen so weitere Pflanzen.
- Was die Zehrtriebe in den Blattachseln angeht, so sollte man anfangs nicht alle rigoros entfernen, weil daran auch Blüten entstehen. Setzen Sie jedoch der Anzahl und Länge je nach den örtlichen Gegebenheiten eine Grenze. Lassen Sie z. B. 3 Blätter an jedem Trieb stehen, reduzieren Sie aber die Blütenbüschel von 3 auf 1, mit Ausnahme einiger Kirschtomaten-Sorten … Jeder Fall ist anders. Ab Mitte August dünnen Sie die Triebe aus, damit die Pflanze Luft hat und ihre Energie in die schon vorhandenen Früchte lenkt.

Distelfalter auf einer Berberitze.

Die Pflanze und ihr Insekt

BERBERITZEN UND SCHMETTERLINGE

Berberitzen (oder Sauerdorn, *Berberis* spec.) tragen je nach Art von April bis Juni unzählige Blütentrauben mit gelben, cremeweißen, orangefarbenen oder roten Glöckchen, gut gefüllt mit erstklassigem Nektar. Sie bieten der ersten Schmetterlingsgeneration (und den Bienen) ein Zuhause: Zitronenfalter (*Gonopteryx rhamni*), Distelfalter (*Vanessa cardui*), Landkärtchen (*Araschnia levana*), Baumweißling (*Aporia crataegi*), Aurorafalter (*Antocharis cardamines*), Postillon (*Colias crocea*), Kleiner Feuerfalter (*Lycaena phlaeas*), Tagpfauenauge (*Inachis io*), Großer Fuchs (*Nymphalis polychloros*), Kleiner Fuchs (*Aglais urticae*), Laubfalter (*Pararge aegeria*). Man kann die Berberitzen auf verschiedene Weise in den Garten einfügen – als schützende oder freie Hecke mit *Berberis thunbergii* 'Atropurpurea' oder *B.* × *ottawensis* 'Auricoma', als Solitär, im Beet oder als Formschnitt. Man kann mit unterschiedlichen Wuchsformen spielen, z. B. Höhe schaffen oder sie für eine Fläche mit wenig Pflegeaufwand nutzen. Neben *Berberis thunbergii* 'Green Carpet' gibt es weitere teppichbildende Züchtungen um 60 cm Höhe.

Der Distelfalter ist der bekannteste weitfliegende Wanderfalter Europas. Er überwintert in Nordafrika, kehrt aber jedes Jahr wieder zu seinen Berberitzen in Deutschland zurück.

Durch das Anbinden von Brombeeren an Rankhilfen kann man leichter ernten.

Die Amseln sind nicht so lästig wie die Spatzen, weil sie die Kirschen im Ganzen forttragen. Die kleinen Spatzen dagegen picken die Kirschen an und durch die offenen Stellen kann der Moniliosepilz eindringen. Man kann sich leider nicht aussuchen, wer die Kirschen pickt.

ARBEITEN IM OBSTGARTEN

- Binden Sie Himbeer- oder Brombeertriebe an eine Rankhilfe und nehmen Sie Ableger.
- Verringern Sie die Anzahl der ansetzenden Äpfelchen, falls sich zu viele gebildet haben. Die belassenen Früchte werden größer und der Baum wird nicht so ausgezehrt.
- Schützen Sie die reifenden Kirschen und das Beerenobst vor Vögeln.
- Pflanzen Sie Containerpflanzen aus, sofern Sie bis in den Herbst regelmäßig Zeit zum Gießen haben, auch wenn der Juni nicht gerade ideal ist.
- Am Fuß der Obstbäume können Sie Kräuter pflanzen (Kerbel, Liebstöckel, Sauerampfer, Petersilie, Thymian, Schnittlauch).
- Säen Sie weiterhin Stangenbohnen, die Sie bis zu den unteren Ästen der Obstbäume ranken lassen, wenn Sie anfangs die Richtung vorgeben.
- Bereiten Sie Holz- oder Metallstützen für die am meisten tragenden Äste der Pflaumenbäume vor. Es kann sonst passieren, dass diese an windigen Tagen unter dem Gewicht der Früchte abbrechen. An den Stützen dürfen die Stangenbohnen ranken.

In der Kompostecke

IM JUNI WIRD DER KOMPOST GEPFLEGT

An Rohstoffen für den Kompost mangelt es im Juni nicht. Vor allem hat man Rasenschnitt und Unkraut, beides reich an Stickstoff. Für einen guten Kompost benötigt man aber auch Kohlenstoff, der sich vor allem in Zellulose und Lignin der verholzten Äste, im toten Laub, in Stroh oder Pappe findet. Aus dieser Mischung entsteht ein fester Humus.

Damit der Kompost gut reift (gart), muss man 15–20 Mal so viel Kohlenstoff wie Stickstoff zugeben. Bei Stickstoffmangel zersetzt sich der Kompost nicht, bei einem Überangebot beginnt der Komposthaufen zu faulen und zu stinken.

Für ein günstiges Verhältnis von Kohlenstoff und Stickstoff sorgt diese erprobte Methode: Verwenden Sie unterschiedliches Kompostiergut und schichten Sie es in Lagen von 5–10 cm Stärke ein. Wechseln Sie dabei immer schichtweise frisches, grünes Kompostgut (Rasenschnitt, Unkraut, Küchenabfälle, Brennnesseln, Beinwell) mit braunen, getrockneten Abfällen (Holzhäcksel, Pappe, trockenes Laub) ab.

Thymianpollen ist an der creme-beigefarbenen Färbung zu erkennen, wenn er als Hosen an den Hinterbeinen der Bienen hängt.

1 Pflanze, 3 Funktionen

THYMIAN: BODENDECKER, NEKTARSPENDER UND SPEISEKAMMER

Auf steinigen, durchlässigen Böden in der Sonne entwickelt sich Thymian als schöner Bodendecker. Er ist auch eine beliebte Speisekammer für Vögel, die darin Insekten und ihre Larven (Flohkäfer der Gattung *Longitarsus,* Larven von Heuschrecken, Raupen) aufpicken. Nicht zu vergessen die auf Thymian spezialisierte Laus *Aphis serpylli*. Die Blütezeit, je nach Höhenlage zwischen Mai und Juli, ist für die Bienen ein entscheidender Moment, weil sie dann reichlich Nektar sammeln können. Die Pollenausbeute ist hingegen eher mager. Die Thymianblüte zieht jedoch noch viele andere Bestäuber sowie verschiedene pflanzenfressende Insekten an, die Blüten oder Samen verzehren. Hinzu kommen deren Fressfeinde. Als Bodendecker oder für Zierbeete (Schnitt) sollte man *Thymus ciliatus* wählen, dessen Zweige sich bei Kontakt mit Erde bewurzeln, und ihn mit anderen teppichbildenden Arten mischen (*T. serpyllum* 'Lemon Curd', *T. herba-barona*, *T. praecox*). Dadurch erreicht man eine gestaffelte Blüte und hübsche Kontraste von Blattfärbungen. *T. ciliatus* verträgt sogar gelegentliches Betreten.

Wissenswert

Manche Pflanzen, sogenannte allelopathische Arten, geben chemische Stoffe ab, die das Keimen anderer Gewächse verhindern. Das ist im Falle von Bodendeckern besonders interessant, vor allem wenn es darum geht, die Pflege zu minimieren. Im mediterranen Heideland der Garrigue wachsen zahlreiche Kräuter mit allelopathischen Eigenschaften: Thymian, Rosmarin, Salbei, Oregano, Lavendel, Bohnenkraut …

Mit Soja können Sie nicht falsch liegen: Falls der Anbau nicht gelingt, haben Sie mit diesen Hülsenfrüchtlern immerhin einen guten Gründünger.

Grüne Proteine aus eigenem Anbau

SOJA

Wissenschaftlicher Name: *Glycine max*
Familie: Fabaceae
Volksname: Sojabohne
Herkunft: Die Wiege der Wildform *Glycine soja* liegt in Russland, Japan, Korea, China und Taiwan.

Bedingungen: Sonne und Wärme, humusreicher Boden, gut dräniert, mit hohem Sandanteil
Ertrag im Jahr 2019: In der Landwirtschaft lag der Soja-Ertrag um 2900 kg/ha, das wären ca. 2,9 kg/10 m^2. Im Gemüsegarten fällt der Ertrag geringer aus.

Zusammensetzung von 100 g rohen Sojabohnen

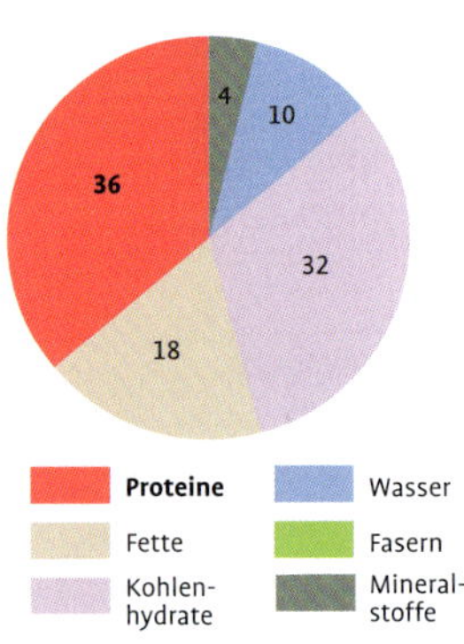

Das Perma +

Soja ist eine der proteinreichsten Saaten mit 8 essenziellen Aminosäuren und damit nahe an bestimmten tierischen Proteinen (z. B. Milch oder Eier). Die Pflanze reichert den Boden zudem mit Stickstoff an.

Soja-Anbau

Woher bekommt man Samen? Einfach in den nächsten Bio-Laden gehen und ein Päckchen ganze, unbehandelte Sojabohnen kaufen. Das macht ca. 2 € für 500 g. Sie können aber auch im Samenhandel bestellen.

Wie sät man? Soja wird Ende April bis Ende Mai ausgebracht. Wenn man länger wartet, reifen die Hülsen schlecht und der Ertrag wird spärlich. Soja braucht wirklich 3 Monate lang Wärme. Lockern Sie den Boden mit dem Grubber oder dem Krail (Vierzahn). Entfernen Sie Unkraut. Ziehen Sie Rillen von 2–3 cm Tiefe im Abstand von 60–80 cm. Legen Sie alle 5 cm einen Kern. Soja benötigt bei guten Böden keinerlei Dünger. Man kann Soja nach Vielzehrern wie Tomaten, Auberginen, Zucchini oder Kürbis ins Beet setzen.
Bei kühlerem Klima treibt man die Pflanzen im Gewächshaus im Topf vor und setzt sie Ende Mai ins Freiland um. Die frühreifen Arten werden im August/September geerntet, die späten im Oktober. Jede Hülse umhüllt mehrere Samen, trockenen Sie die Ernte auf Tabletts, so hält sich Soja den ganzen Winter hindurch.

Lust auf Ungewöhnliches
SPARGEL-SALAT

Wissenschaftlicher Name: *Lactuca sativa* var. *angustana*
Familie: Asteraceae
Volksname: Spargel-Salat.
Herkunft: Spargel-Salat ist eine alte chinesische Kulturpflanze, die dort *wosun* genannt wird.

Bedingungen: frischer, durchlässiger Boden, keine sengende Sonne
Ertrag: 400–800 g pro Pflanze

Spargel-Salat wird bei einer Größe von 30–40 cm geerntet.

Das Perma +
Bei diesem Gemüse gibt es zweierlei Erträge zum Essen: die langen, schmalen Blätter, isst man als Salat (vor der Blütenknospenbildung ernten); den dicken, aufgeblasenen Stängel von 3–6 cm Durchmesser kocht man wie Spargel, sobald er die Länge von 30 cm erreicht hat.

Spargel-Salat-Anbau
Spargel-Salat spielt eine bedeutende Rolle in der asiatischen Küche, seltener bei uns.

März: Saat von März bis Juni in Anzuchtbeeten oder auf der Fensterbank; sobald die Pflänzchen einige Blätter haben, vereinzeln und in fruchtbaren, humosen und frischen Boden pikieren. Abstand 25 cm zwischen den Pflanzen und 30 cm zwischen den Reihen. Spargel-Salat kann auch im Kübel auf dem Balkon kultiviert werden.

Juni: Die Pflanze geht früh zur Samenbildung über, was im Gegensatz zu den anderen Salaten sehr gut ist. Damit kündigt sich das Erscheinen der langen Blütenstängel an, die beim Kochen glasig werden. Ernten Sie die Stängel etwa 2 Monate nach der Aussaat bis in den August. Man muss nur die Blätter entfernen und die Stängel schälen, um die faserige Rinde abzuziehen. Das erfrischende, knackige und saftige Fleisch behält seine schöne grüne Farbe beim Kochen. Dämpfen Sie das Gemüse wie Spargel, fritieren oder braten Sie es in Stiften oder Scheiben. Der Geschmack ist fein und zart, erinnert etwas an Kopfsalat und Haselnuss.

Für die Gemeinschaft
Unkrautjäten ist langweilig! Warum organisieren Sie nicht reihum gemeinsame Einsätze zum Jäten, werfen gemeinsam all das unerwünschte Kraut auf den Kompost und verteilen später den fertigen Kompost.

Holzfässer müssen immer gefüllt sein, damit das Holz nicht austrocknet und sich verzieht.

Berechnung der Wassermenge
Um die mögliche Auffangmenge eines Hauses zu berechnen, multipliziert man die jährliche Niederschlagsschätzung des Standorts (in mm/Jahr oder in l/m²/Jahr) mit der Dachfläche in m², übertragen auf die Ebene ohne die Neigung einzubeziehen, und mit dem Koeffizienten für den allgemeinen Verlust (0,9 für ein Ziegeldach, 0,8 für die Berliner Welle und 0,6 für ein Flachdach). Beispiel: Geht man von einem jährlichen Niederschlag von 450 mm und einem Dach (mit Ziegeleindeckung) von 130 m³ (auf die Fläche projiziert) aus, lautet die Rechnung wie folgt:
450 l × 130 m² × 0,9
= 52 650 l pro Jahr
= ca. 52 m³

Und wenn …
ICH REGENWASSER SAMMLE?

Die Regenwasserbecken im Atrium der Etrusker und der Römer, die Häuser mit Impluvium entlang des Casamance im Senegal, die Zisternen der Alpenhöfe im Jura – Auffangen von Regenwasser war immer und nahezu überall auf der Welt Teil des alltäglichen Lebens. Alle Permakultur-Gärtner sind sich einig: Regenwasser auffangen ist eine Notwendigkeit, auch wenn die Behälter nicht besonders schön aussehen oder das Eingraben einer Zisterne im Boden eine immense Arbeit macht.

Ein Garten mit Gemüsegarten, Rasen und Blumenbeeten braucht durchschnittlich 15 l Wasser pro m² pro Tag, wenn es im Sommer heiß ist, entsprechend mehr. Ein m³ Leitungswasser kostet im Durchschnitt 4 €, das Wasser vom Himmel ist daher ein kostbares Gut und das Interesse am Auffangen wird damit verständlich. Das Wasser, das vom Dach abläuft, kann gut zum Gießen vor Ort genutzt werden und muss nicht durch die Kanalisation, um schließlich die Kläranlagen zu belasten. Selbst in Regionen mit geringem Niederschlag kann man Hunderte Liter Wasser auffangen, die man bei Trockenheit zur Bewässerung nutzt. Damit wird das Grundwasser geschont, das unsere Versorgungsnetze speist, und man kann deutlich Geld sparen. Das Wasser lässt sich in Zisternen, Regentonnen oder unterirdisch eingegrabenen Tanks sammeln.

Regenwasser hat weiterhin den großen Vorteil, dass es weder kalkhaltig noch gechlort oder zu kalt ist und es wird von allen Zimmerpflanzen sowie den Pflanzen für saure Böden (Rhododendren, Azaleen) vertragen. Regenwasser verstärkt übrigens auch die Wirkung von Waschmitteln, dadurch kann man die Waschmittelmenge reduzieren und Weichspüler weglassen.

Umsetzung in die Praxis

- Für Neubauten sind Auffangsysteme von Regenwasser in Form von unter- oder überirdischen Zisternen Pflicht. Bei alten Häusern kann man Auffangsysteme an den Fallrohren von Haus, Gartenhütte, Nebengebäude oder Garage anbauen. Ein Behälter kann dort 80–90 % des während eines Regens vom Dach ablaufenden Wassers auffangen.
- Wollen Sie einen unterirdischen Wassertank einbauen, denken Sie groß! Eine vierköpfige Familie mit 600 m^2 Garten benötigt überschlägig gerechnet einen Tank von 6000–7000 l. Denken Sie daran, dass bei einem unterirdischen Tank eine Zufahrtsmöglichkeit (beim Einbau) eingeplant werden muss. An der Stelle, wo sich Einstiegsöffnung bzw. Tankdeckel befinden, sind Pflanzungen nicht möglich. Es gibt Betontanks und Kunststofftanks. Regenwasser ist minimal sauer. Wenn man es in einer Betonzisterne sammelt, wird es durch Aufhärtung neutral.
- Montieren Sie auch Rinnen und Rohre an Gartenhütte, Remise und allen Dächern von Nebengebäuden.

Hanggarten
Wenn Ihr Garten ein Gefälle hat, heben Sie Rinnen (zum Sickern, zum Zurückhalten) aus, damit der Regen nicht ungebremst bis zum Fuß des Hangs abläuft.
Dadurch kann das Wasser über die gesamte Hangfläche versickern.

Fehler beim Auffangen von Wasser

- Unter- oder überdimensionierte Behälter und Zisternen. Eine zu große Zisterne füllt sich niemals vollständig. Es kann sein, dass die Wasserqualität darunter leidet. Eine zu kleine Zisterne leert sich zu schnell.
- Die Filter und Regenrinnen nicht regelmäßig gereinigt.
- Regenwasser von einem alten, asbesthaltigen Eternitdach aufgefangen.
- Vergessen, die Wasserspeicher auf ein erhöhtes Podest zu stellen, um das Wasser einfach unten mit einem Hahn in die Gießkanne abzufüllen.
- Regenrinnen und Fallrohre ohne Netze oder Gitter, daher Verschmutzung durch grobes Laub.
- Kein Überlauf eingebaut, der bei Erreichen der Füllhöhe den Überschuss in den Kanal ableitet, wenn die Auffangbehälter voll sind. Damit verhindert man bei lang anhaltendem Regen, dass sich das Wasser staut.

Schützen Sie die Regenrinnen durch Netze, Gitter oder igelförmige Vorrichtungen davor, dass Laub einfällt und die Fallrohre verstopft.

Wie gewinnt man Pflanzensamen?

Wenn man selbst Pflanzensamen sammelt, kann man im Laufe der Zeit natürliche Auslese betreiben. Wenn Sie beispielsweise nur Samen von Tomaten sammeln, die die Trockenheit gut vertragen haben, können Sie diese Auslese in den kommenden Jahren kultivieren.

Beispiel Tomatensamen

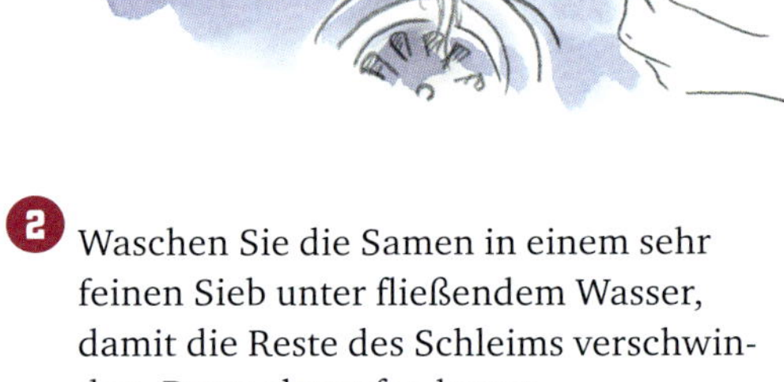

1 **Wählen Sie eine vollreife Tomate aus und entnehmen Sie die Kerne.** Weichen Sie die Kerne 3 Tage lang bei etwa 20 °C in einem Suppenteller mit Wasser ein, damit sich die Schleimschicht um die Kerne löst.

2 Waschen Sie die Samen in einem sehr feinen Sieb unter fließendem Wasser, damit die Reste des Schleims verschwinden. Dann abtropfen lassen.

Vorteile

- Die Samen eignen sich im Lauf der Jahre immer besser für die Bodenzusammensetzung Ihres Standorts.
- Sie werden unabhängiger.
- Sie sparen Geld.
- Sie können mit Ihrem eigenen Saatgut positive Überraschungen erleben.

Nachteile

- Aus den Samen entstehen nicht zwangsläufig die mit der Mutterpflanze identischen Individuen.
- Saatgutgewinnung nimmt Platz in Anspruch. Bei den Zweijährigen muss man länger als 1 Jahr auf die Samen warten.
- Sie können keine F1-Hybriden verwenden, die im ersten Jahr außergewöhnlich gute Gemüse geben.

F1-Hybriden

Wenn Sie eigenes Saatgut gewinnen möchten, säen Sie keinesfalls F1-Hybriden. Daraus entstehen in der 2. Generation (F2) sehr unterschiedliche Individuen. Verwenden Sie samenfestes, nachbaufähiges Saatgut.

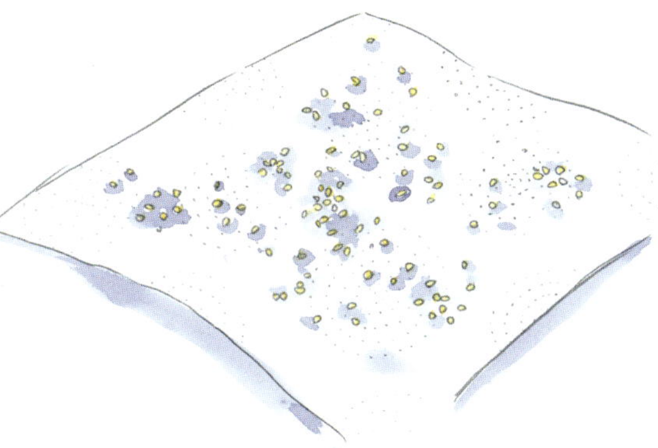

3 Trocknen Sie die Samen an einem luftigen, nicht zu hellen Platz auf absorbierendem Papier oder einem Geschirrtuch. Breiten Sie die Samen gut aus.

4 **Etikettieren**
In kleine Tütchen abpacken und direkt auf dem Päckchen mit Bleistift beschriften, was darin ist. Die Samen vertragen keine Kugelschreibertinte! Vermerken Sie Pflanze, Herkunft, wissenschaftlichen Namen, Sorte, Datum der vorherigen Aussaat und Datum der Saatguternte. Das erspart Ihnen den Aufwand bei der erneuten Aussaat!

Eigenes Saatgut ernten

- Wählen Sie dazu gesunde Pflanzen aus, die ein gutes Ergebnis hinsichtlich Geschmack, Wüchsigkeit, Resistenz gegen Pflanzenkrankheiten und Aussehen gebracht haben. Markieren Sie diese mit einem Bändchen und ernten Sie die Samen zu gegebener Zeit.
- Pflücken Sie die Gemüse in sehr reifem Zustand (bei Auberginen und Paprika, wenn sie runzlig werden).
- Ernten Sie bei trockenem Wetter.

Saatgut lagern

- Reinigen Sie die Samen, entfernen Sie auch die kleinsten Verunreinigungen. Lassen Sie das Saatgut 1 Woche an der Luft an einer luftigen, schattigen Stelle trocknen.
- Lagern Sie die Samen in einem Briefumschlag oder Tütchen aus Papier. In einem luftdichten Behälter besteht die Gefahr des Schimmelns.
- Schreiben Sie den Namen der Sorte, das Erntedatum und die Merkmale der Pflanze auf den Umschlag.
- Bewahren Sie die Samen im Kühlschrank auf.

JULI

Im Juli fühlen sich Gemüsegärtner immer etwas panisch: Man weiß, dass eine Flut von Früchten und Gemüsen auf einen zukommt und dass die wüchsigen Unkräuter wieder Land gewinnen (das Stroh hat sich zersetzt, man verwendet weniger Zeit auf das Jäten). Unweigerlich rinnt uns die Zeit durch die Finger. Doch wir sollten uns freuen, denn eines der Grundprinzipien der Permakultur ist reiche Ernte, die man verteilen und mit anderen teilen kann.

ARBEITEN IM GEMÜSEGARTEN

Den Winter vorbereiten

- Säen Sie im Freiland jetzt Melde, Möhren, Chicorée, Frisée-Salat, Rauke, Herbstsalat und Endivie (Eskariol), Pakchoi (*Brassica rapa* subsp. *chinensis*) und Chinakohl (*Brassica rapa* subsp. *pekinensis*), Grüne Bohnen (Filetbohnen), Speiserübe, Radieschen, Winterrettich. Säen Sie außerdem jetzt die Zweijährigen wie Stockrosen, Fingerhut, Vergissmeinnicht, Löwenmäulchen, Rote Lichtnelke, Goldlack, Gänseblümchen und Stiefmütterchen.
- Säen Sie Radicchio reihenweise mit 20 cm Abstand, die voluminöseren Zuckerhüte 'Pain de Sucre' mit 30 cm Reihenabstand. Sie sind wunderbar zum Frühlingsbeginn.
- Säen Sie Petersilie für den Winter und das nächste Frühjahr.
- Pikieren Sie den im Juni gesäten Salat, den Winterkohl und den Blumenkohl.
- Pflanzen Sie den Winterlauch bis Ende Juli.

Die Erntekörbe füllen

- Ernten Sie Knoblauch, Zwiebeln und Schalotten, wenn deren Blätter trocken sind. Ziehen Sie die Zwiebeln aus der Erde und lassen Sie sie 1–2 Tage lang an der Luft trocknen, bevor Sie die Ernte einbringen.
- Ernten Sie einen Teil der Zucchini ganz jung (mit weniger als 10 cm Länge), wenn der Geschmack noch ganz zart ist. Solches Gemüse finden Sie niemals im Handel! Sehen Sie täglich nach den Zucchini, weil sie schnell wachsen; ab einer Länge von 25–30 cm sind sie deutlich schlechter.

Haben Sie ein wachsames Auge

- Kohl ist das bevorzugte Ziel etlicher Parasitenarten. Das beste Mittel dagegen ist frühes Eingreifen. Also muss man die Augen offen halten. Auf der Blattunterseite kann man so die Gelege des zerstörerischen Kohlweißlings entdecken. Kratzen Sie die Eier ab, bevor die jungen Raupen sich ausbreiten, um die Blätter zu fressen.
- Bei sengender Sonne sollten Sie den pikierten Salat und die aufgelaufene Saat von Feldsalat, Radieschen, Speiserübe und anderen mit umgestülpten Kisten beschatten.
- Prüfen Sie, ob der Kompost ausreichend feucht ist. Bei Trockenheit wässern. Bei starker Austrocknung unter Gießen auflockern. Danach bedecken Sie ihn mit Stroh oder Heu.
- Gießen Sie bei extremer Trockenheit Thymian und Rosmarin 1 Mal wöchentlich.

Jung geernteter Knoblauch hat ein dezenteres Aroma, hält sich aber nicht lange.

Die Raupen des Kohlweißlings verzehren zuerst die zartesten Teile der Blätter.

Wussten Sie ...?
Dass es sich beim Zuckerhut um eine Form der wilden Zichorien handelt, die man auch „besser werdende Zichorien" nennt. Ihre besondere Eigenschaft ist die Kälteverträglichkeit. Nach einem leichten Frost verbessert sich der Geschmack und wird milder.

Tomaten vertragen die Bordeaux-Brühe nur schlecht, man sollte die Behandlung daher vermeiden oder aber die Dosis um zwei Drittel verringern.

Pro und Kontra

BORDEAUX-BRÜHE

Die bereits im 19. Jahrhundert erfundene Bordeaux-Brühe (oder Kupferkalkbrühe) ist eine Mischung aus 20 % Kupfersulfat ($CuSO_4$) und gebranntem (CaO) oder gelöschtem Kalk ($Ca(OH)_2$) in Wasser. Unter diese Bezeichnung fallen heute eine ganze Reihe von Kupferverbindungen, die im biologischen Anbau zum Schutz von Wein, Kartoffeln, Tomaten und Obstbäumen gegen unterschiedliche Pilzerkrankungen wie Falschen Mehltau, Schwarzfäule, Echten Mehltau, Baumkrebs, Schorf und Pfirsich-Kräuselkrankheit eingesetzt werden.

Pro

- Die Bordeaux-Brühe wird für den biologischen Anbau verkauft.
- Da man keine synthetischen Produkte zur Behandlung von Pflanzenkrankheiten in der Permakultur anwendet, sollte man Krankheiten vorbeugen. Kupfer wirkt vorbeugend.

Kontra

- Kupfer reichert sich im Boden an, ohne dass es abgebaut wird. Ein Überschuss ist für Pflanzen und Mikrofauna im Boden giftig.
- Europa hat gerade die im Landbau zulässigen Kupfermengen reduziert. Das zeigt, dass es ein Problem mit dieser Substanz gibt. Man sollte sie im Garten besser meiden.
- Kupfer ist ein toxischer Stoff und todbringend für Springschwänze, jene winzig kleinen Arthropoden, die eine maßgebliche Funktion bei der Zersetzung organischer Stoffe im Boden haben.
- Kupfer ist bei der Anwendung toxisch, wenn es eingeatmet wird.
- Kupfer als Spritzmittel legt sich auf die Blätter, ohne einzudringen. Beim ersten Regen wird es abgewaschen und es muss immer wieder ausgebracht werden. Daher rührt die Konzentration in den Böden. In manchen Weinbauregionen liegt die Konzentration Dutzendfach über dem natürlichen Kupfergehalt des Gesteins.

Der Kompromiss

Man schränkt den Einsatz von Kupfer stark ein und wendet es nur bei schwerwiegendem Befall an. Stattdessen kann man Schachtelhalmbrühe, Weidenrinde, Brennnessel oder die Öle von Zitrusgewächsen einsetzen.

Gesetzeslage

Die seit Januar 2019 geltenden Vorschriften erlauben für biologischen und konventionellen Anbau 28 kg Kupfer pro ha in einem Siebenjahreszeitraum, das heißt durchschnittlich 4 kg pro ha und Jahr, also 4 g auf 10 m² pro Jahr.

Außergewöhnlich ist das ausgeprägte Revierverhalten des ausgewachsenen Segelfalters, ähnlich wie bei einem Vogel. Er sitzt in ca. 50–200 cm Höhe auf der Lauer und verjagt andere Männchen, die in sein Territorium einfliegen. Ein derartiges Verhalten ermöglicht es den Tieren, eine größere Nachkommenschaft zu produzieren.

Die Pflanze und ihr Insekt

SCHLEHE UND SEGELFALTER

Die Schlehe (*Prunus spinosa*) ist Teil des Lebenszyklus eines Segelfalters (*Iphiclides podalirius*), der zu den größten Tagfaltern in (Süd-)Deutschland gehört. Er ist cremegelb mit schwarzen Streifen. Dieser Falter lebt auf warmen, spärlich bewachsenen Brachflächen, in Gärten, Wiesen, Lichtungen, Hecken und Rebhängen. Er bringt pro Jahr in Deutschland nur eine Generation hervor. Nach der Paarung werden die Eier einzeln oder paarweise unter die Blätter der Schlehe geheftet. Je nach Temperatur dauert die Entwicklung des Geleges 1–2 Wochen. Die Raupe ist unscheinbar, grün, nicht sehr mobil und sehr zurückgezogen. Im Laub der Schlehe bleibt sie unentdeckt, weil sie die Form und Farbe eines Blatts perfekt imitiert. Später sieht man vielleicht die Puppe am Ansatz eines Blattstiels hängen, ihr Kokon ist genial und vorausschauend konstruiert. Ein seidiges Gerüst hält den Blattstiel am Ästchen fest, damit das Blatt im Herbst nicht zu Boden fällt. Die Puppen, die sich im September/Oktober ausbilden, sind braunbeige und überwintern in diesem Stadium, um dann die Sommergeneration der Schmetterlinge zu bilden. Sie verschmelzen optisch mit den getrockneten Blättern der Schlehe.

Klatschmohn und Kornblumen werden schöner, wenn man sie im Sommer oder zu Beginn des Herbstes sät.

Man sollte wegen der besseren Bestäubung und Befruchtung stets zwei Pflanzen der bedingt winterharten Feijoa kultivieren.

ARBEITEN IM OBSTGARTEN

Vorsorglich!

Ernten Sie die Samen der Ackerblumen (Klatschmohn, Kornrade, Kornblumen, die in den Getreidefeldern wachsen), bevor die Stürme sie zerstreuen. Säen Sie die Blumensamen in Ihre Blumenwiese zwischen den Obstbäumen.

Was die Obstbäume sich wünschen

- Rückschnitt der Kiwi-Sträucher, um den Wuchs im Zaum zu halten: Schneiden Sie die Triebe 4 Blätter hoch nach der obersten Frucht ab.
- Gießen Sie alle Obstbäume reichlich und bringen Sie eine dicke Strohschicht von mindestens 10 cm um den Stamm aus.
- Stützen Sie die vollhängenden Pflaumenbaum-Äste ab.
- Halten Sie die Himbeersträucher in ihren Reihen, schneiden Sie Ausläufer ab.
- Säen Sie Senf breitwürfig als Gründünger um die Obstbäume, 2 g Saatgut pro m^2.
- Verjüngen Sie die Erdbeeren durch Einpflanzen der schönsten Ausläufer.
- Schneiden Sie die Gartenbrombeeren zurück und binden Sie sie an Rankhilfen, damit sie nicht zu üppig werden.

In den Erntekorb

- Ernten Sie weiterhin die Himbeeren, Johannisbeeren, Stachelbeeren, sofern noch Beeren daran hängen. Ernten Sie die Gartenbrombeeren und ihre Mischlinge (z. B. Taybeeren).
- Verkosten Sie die Blütenblätter der Feijoa, die ebenso lecker wenn nicht sogar besser als die Früchte schmecken: überraschend fleischig, fruchtig und saftig. Man isst nur die Blütenblätter, nicht die Staubgefäße, und sammelt sie von Blüten, die sich am Vortag geöffnet haben, also nicht zu jung oder zu welk sind.

In der Kompostecke

IM JULI WIRD KONTROLLIERT

Ist der Haufen aufgeschichtet, gewässert und gut zugedeckt, muss man lediglich nach einigen Tagen oder wochenweise kontrollieren, ob im Inneren die Temperatur ansteigt. Wenn man ein Thermometer hineinsteckt, kann es 60 °C oder mehr anzeigen. Das ist ein Zeichen dafür, dass die Mikroorganismen fleißig arbeiten.
Bei der Arbeit verbrauchen sie Sauerstoff. Während der ersten beiden Monate muss man den Kompost mit der Gabel daher alle 2 Wochen auflockern und das Material mischen, damit der Kom-

post nicht ohne Sauerstoff rottet. Wenn der Kompost ausgewogen gemischt ist, zersetzt sich der ganze Haufen. Die Zugabe von biologischen Aktivatoren in Form von Mikroorganismen ist nicht nötig, wenn man eine Schaufel alten Kompost oder Gartenerde zugibt. Sie können auch Stickstoff-Aktivatoren weglassen, wenn Sie Rasenschnittgut, Unkraut und Küchenabfälle zugeben, die alle einen hohen Stickstoffanteil besitzen. Mischen Sie die Materialien gründlich. Wenn Sie zu viele Brennnesseln haben, werfen Sie diese auch als Stickstofflieferanten auf den Kompost, nachdem die Wurzeln vertrocknet sind.
Im Sommer trocknet ein Komposthaufen rascher aus, daher müssen Sie den Komposthaufen wässern, damit die Materialien im Inneren feucht bleiben, Wenn Sie das vergessen, stoppt der Zersetzungsprozess bis zum nächsten großen Regen.

Welche Gemüse lieben Kompost?
Liebhaber garen Komposts unter den Gemüsearten (mehr als 3 kg/m^2) sind Artischocke, Aubergine, Cardy, Einmachgurke, Erdbeeren, Fenchel, Gemüsepaprika, Gurke, Kartoffel, Kürbis, Lauch, Mais, Melone, Sellerie, Tomaten und Zucchini. Kürbis und Zucchini vertragen sogar halbgaren Kompost und frischen Mist.

1 Pflanze, 3 Funktionen

SCHWARZER HOLUNDER: SPEISEKAMMER UND VERSTECK FÜR INSEKTEN UND VÖGEL, FUNGIZID

Der Schwarze Holunder oder Fliederbeerstrauch (*Sambucus nigra*) ist eine wahre Oase für die biologische Vielfalt und eine Säule der Permakultur. Er gehört zu den Heckenpflanzen, die als Erste schon im Februar Blätter treiben. Davon ernähren sich die Raupen der Nachfalterarten Nachtschwalbenschwanz (auch Holunderspanner) und Ligusterschwärmer. Im Spätsommer werden die Beeren von Rotkehlchen, Drosseln, Sperlingen und Dachsen verspeist.
Der Pflanzensaft nährt eine ausschließlich auf dem Holunder lebende Blattlausart. Im Herbst legen diese Blattläuse auf die Holunderbüsche ihre Eier ab, um zu überwintern. Beim Laubaustrieb schlüpfen die Weibchen und bilden Kolonien, von denen sich früh in der Saison zahlreiche Nutzinsekten wie Schwebfliegen und Zweipunkt-Marienkäfer ernähren. Die Rote Mauerbiene (*Osmia rufa*) überwintert in den knorrigen Ästen und legt auch ihre Eier dort ab.
Und schließlich ist noch zu ergänzen, dass ein Extrakt aus Holunder als Pilzmittel gegen Rost, Falschen und Echten Mehltau verwendet wird. Der biologisch aktive Stoff ist das Alkaloid Sambucin. Diesen Extrakt verwendet man unverdünnt zum Sprühen bei empfindlichen Pflanzen.

Amseln und Grasmücken sind große Fans von Holunderbeeren.

Zur Bohnenzeit sollte man jeden zweiten Tag ernten.

Zusammensetzung von 100 g gegarten Bohnen

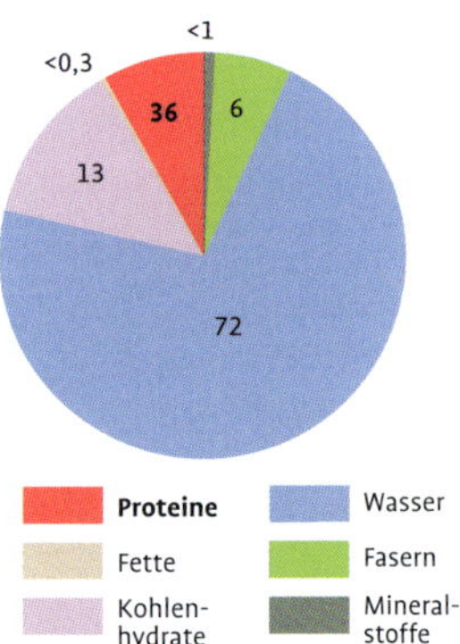

Stopp der Fettfleckenkrankheit

Wenn Sie auf den Bohnenblättern, Stängeln oder Hülsen fettähnliche Flecken sehen, vernichten Sie die befallenen Pflanzen sofort. Es handelt sich um einen bakteriellen Befall, die Fettfleckenkrankheit, für die es kein Behandlungsmittel gibt.

Grüne Proteine aus eigenem Anbau

GRÜNE BOHNE

Wissenschaftlicher Name: *Phaseolus vulgaris*
Familie: Fabaceae
Volksname: Grüne Bohne, Gartenbohne, Buschbohne, Stangenbohne, Filetbohne, Kernbohne
Herkunft: Die Wiege der Bohne dürfte in Ecuador liegen, sie hat sich dann in Mexiko und in den Anden (Peru, Bolivien, Argentinien) in Sorten ausgebreitet.
Bedingungen: Sonne, windgeschützt, Umgebungstemperatur um 20 °C, Wasser bei Bedarf
Ertrag: Je nach Sorte sehr unterschiedlich. Beispiel: Filetbohnen 0,5–1,5 kg/m^2, Stangenbohnen 3–5 kg/m^2, Kernbohnen 0,4–1 kg/m^2.

Das Perma +

Dieses nahrhafte Gemüse lässt sich getrocknet oder eingekocht für die Wintermonate lagern und die Pflanze reichert den Boden mit Stickstoff an.

Gartenbohnen-Anbau

Für eine reiche Ernte sollten Sie Stangenbohnen anbauen, weil diese den Platz senkrecht (in die Höhe) nutzen.

Ab Mai: Wenn die Bohnenstangen aufgestellt sind, säen Sie die Bohnen bei Temperaturen über 12 °C ein, damit sie gut keimen. Rechnen Sie bei den Stangenbohnen 15–18 Bohnenkerne pro Meter im Beet. Bei 22 °C keimen die Bohnen innerhalb von 5–9 Tagen. Damit sie gut gedeihen, sollte die Bodentemperatur bei 20–24 °C liegen. Wenn man die Saat im 14-tägigen Abstand bis Juli staffelt, man kann länger ernten.

Von Juni bis zur Ernte: Häufeln Sie die Bohnen nach dem Aufgehen an. Jäten Sie einen Monat später mit der Gartenhacke einmal durch, das ist alles.
Gießen Sie regelmäßig in die Vertiefung zwischen den Haufen, ohne jedoch die Blätter nass zu machen, damit keine Krankheiten entstehen.

Von Juli bis Oktober: Ernten Sie die Grünen Bohnen jeden zweiten Tag, damit sie fein bleiben. Bei den Kernbohnen warten Sie ab, bis die Hülsen getrocknet sind.

Lust auf Ungewöhnliches
ZITRONENGRAS

Wissenschaftlicher Name: *Cymbopogon citratus*
Familie: Poaceae
Kategorie: Staude, bei uns aber nicht winterhart
Volksname: Zitronengras, Westindisches Lemongras, Westindisches Zitronengras
Herkunft: Malaysia, Südindien
Bedingungen: sandige, reiche, frische, eher humose Böden und ein warmer und sonniger Standort
Ertrag: Eine einzelne Staude entwickelt sich bis Ende der Saison zu einem üppigen Horst mit etlichen Dutzend Halmen. Die Pflanze kann im Freiland unter ihren natürlichen Bedingungen 1 m hoch werden, im Kübel erreicht sie aber nur 70–80 cm Höhe.

Diese Staude ist ein Hingucker im Kräutergarten. Da sie im Topf gedeiht, kann man sie auch ohne Beet kultivieren.

Zitronengras-Anbau

Frühling: Jetzt ist Pflanzzeit. Mit Ausnahme von Südfrankreich sollte man die Pflanze in Mitteleuropa im Kübel kultivieren. Zum genannten Zeitpunkt kann man große Horste auch teilen oder man zieht Ableger im Wasser.

Sommer: Man muss regelmäßig und reichlich gießen, wenn der Grasbüschel wachsen soll. Entfernen Sie alle welken oder vertrockneten Blätter. Ernten Sie bei Bedarf. Aber Vorsicht, denn die langen immergrünen Blätter sind, vor allem am Rand, schneidend scharf. An der Basis entwickelt sich eine verdickte, weiße Partie. Diese Verdickung sowie das gesamte Laubblatt des Zitronengrases werden in der Küche wegen ihres delikaten Zitronenaromas verwendet.

Herbst: Die Kübelpflanze holen Sie nun in einen leicht geheizten Wintergarten.

In der kambodschanischen, thailändischen, indonesischen, malaiischen Küche und auch andernorts wird das Zitronengras für Fleischgerichte, Fisch, Curries, Suppen und Soßen verwendet.

Für die Gemeinschaft
Im Juli sind Ferien und die Menschen haben mehr Freizeit. Warum nicht einen Gemeinschaftstag planen, an dem man Erfahrungen austauscht, den Gemüse- und Obstüberschuss teilt oder abklärt, wer einen Gartensitter (zum Gießen, Nachsehen, Jäten, Ernten oder Betreuung der Tiere) während der Ferienreise benötigt.

Ein Teich ist ein stehendes Gewässer, das sich durch den Eintrag organischer Stoffe langsam mit Pflanzen auffüllt. Man muss daher regelmäßig eingreifen.

Und wenn ...
ICH EINEN TEICH ANLEGE?

Bei Permakultur-Gärten ist der Teich ein wichtiges Gestaltungselement. Man braucht kein großes Becken. Wichtig ist nur, dass durch den Teich ein zusätzliches Ökosystem für die Fauna und eine auf feuchte Standorte spezialisierte Flora entsteht. In ganz kleinen Gärten fördert schon ein halbiertes, gefülltes Wasserfass die Artenvielfalt.

Was ist ein Naturteich?

Ein Naturteich hat ganz eigene Merkmale.

- Er verschmilzt mit dem Garten: Legen Sie ihn an der tiefsten Stelle des Gartens an und geben Sie ihm eine organische, gerundete Form. Die Ufer haben eine flache Neigung, damit die Tiere gefahrlos hinein und heraus kommen können. Die Ränder werden reichlich mit heimischen Sumpfpflanzen bestückt, die der Fauna und Mikrofauna Unterschlupf gewähren.
- Idealerweise wird der Teich mit Regenwasser von einer Dachfläche gefüllt (kein Dach mit Eterniteindeckung wegen des Asbests). Sie können auch Leitungswasser einfüllen. Das Chlor lässt sich beim Füllen herauslösen, indem man an den Schlauch eine Brause anschließt. Es verschwindet durch Verdunstung innerhalb weniger Tage sowieso. Egal woher Sie das Wasser nehmen, der Teich sollte einen pH-Wert zwischen 6 und 8,5 aufweisen.
- Ein Naturteich wird nicht mit gefräßigen Fischen oder gar Koi-Karpfen bestückt und auch nicht mit exotischen Wasserpflanzen. Er ist ein Habitat für die lokale Flora und Fauna. Die Nahrungskette bildet sich auf natürliche Weise mit verschiedenen Akteuren aus: Pflanzenfresser, Räuber und Destruenten, die das Gewässer gesund halten.
- Intervenieren Sie möglichst wenig, um den wild lebenden Arten eine freie Entfaltung zu ermöglichen.
- Der Teich wird nachts nicht beleuchtet.

Welche Folie?
PVC-Folie bietet das beste Preis-Leistungs-Verhältnis (ca. 5 €/m² bei 1 mm Stärke). Sie hat eine Lebenserwartung von mehr als 10 Jahren. Spezielle EPDM-Teichfolien kosten das Doppelte, sind aber noch robuster. Man berechnet die benötigte Folienfläche wie folgt:
Länge = maximale Länge des Teichs + (maximale Tiefe × 2)
Breite = maximale Breite des Teichs + (maximale Tiefe × 2)

Naturteich als Zentrum der Artenvielfalt

- Das Ufer ist ein Saum, ein Lebensraum zwischen Wasser und Land, der die Ansiedlung von Libellen und Wasserjungfern, Teichfröschen, Kröten, Fadenmolchen (Jäger von Nacktschnecken) begünstigt. Der Schlamm am Ufer ist für einige Mauerwespen als Nistbaumaterial nötig. Auch manche Vogelarten benötigen ihn für ihre Nester, zum Beispiel Schwalben, die damit die Außenseite verkleben, oder Drosseln, die damit die Innenseite auskleiden.

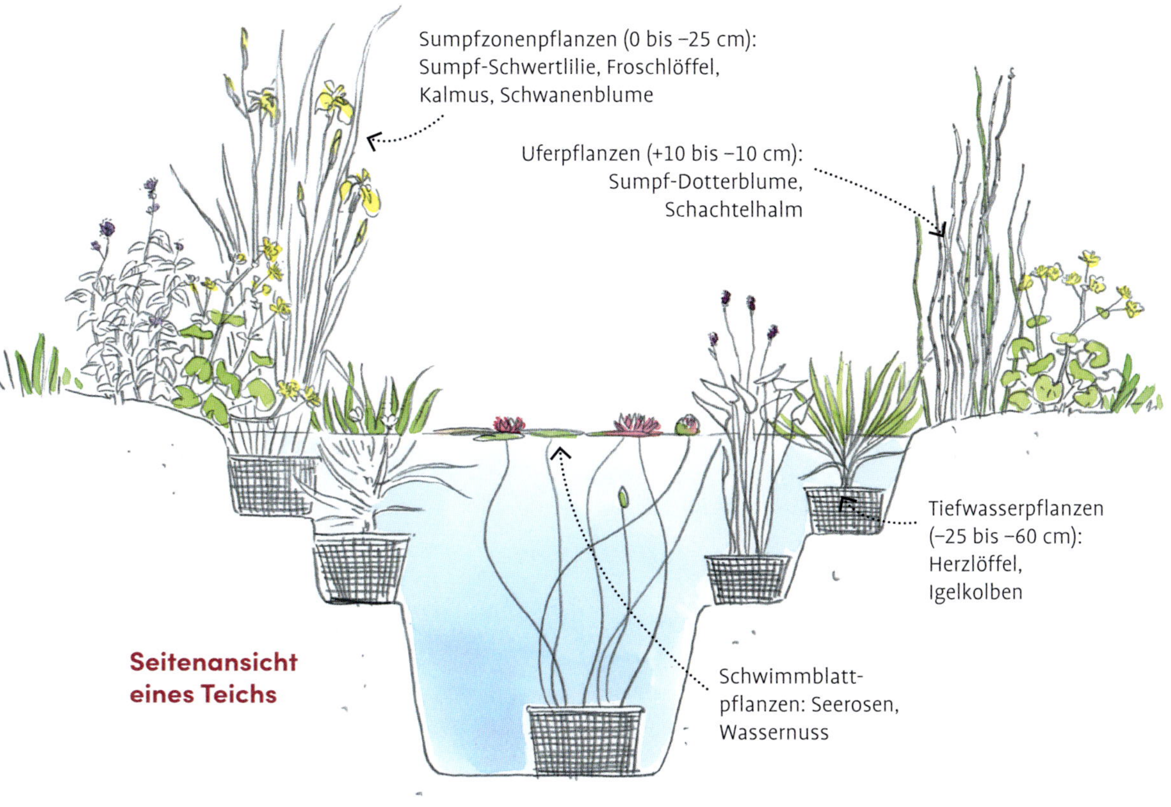

Seitenansicht eines Teichs

- Der Teich lockt bestimmte Insekten an, darunter die Larven der Eintagsfliege, einen unersetzlichen Baustein in der Nahrungskette von Insektenfressern wie Schwalbe oder Fledermaus.
- Bienen und andere Insekten kommen zum Trinken auf Wasserpflanzenblätter und der Teich dient als Tränke und Bad für die Gartenvögel.

Welche Größe und Form?

- Auf 2 oder 3 m² kann man schon einen ausgewogenen Lebensraum im Wasser schaffen, der eine Menge Tiere und Insekten anlockt. Manche Teiche sind jedoch bis zu 25 m² groß.
- Zonen von 80 cm bzw. 120 cm Wassertiefe sind nötig, um freie Wasserflächen zu erhalten und den Teichbewohnern bei starkem Frost im Winter einen Rückzugsbereich zu bieten.
- Das Nordufer (mit Ausrichtung nach Süden) ist am hellsten und wärmsten. Es sollte ein sanftes Gefälle haben und dicht bepflanzt sein. Das gegenüber liegende Ufer darf steiler sein, damit die Tiefe von 80 cm direkt erreicht wird.

Vorrang den lokalen Pflanzenarten!
Es wäre ideal, wenn man Samen, Pflanzen und Stecklinge an einem anderen naturnah angelegten Gartenteich in der Umgebung sammeln und einige Schaufeln voll Schlamm zum Beimpfen des eigenen Teichs mitnehmen könnte. Um die Besiedelung eines Teichs zu beschleunigen, kann man Pflanzen bei spezialisierten Gärtnereien kaufen. Dabei sollte man aber unbedingt darauf achten, ausschließlich einheimische Pflanzenarten zu erwerben.

Wie verwendet man Gründünger?

Diese kurzlebigen Pflanzen, die man nur anbaut, um sie vor der Blüte zu mähen und als Mulch zu verwenden, dienen als zeitweiser Bodendecker, um den Boden vor Erosion und Auswaschung zu schützen. Sie sind ideal für die geräumten Gemüsebeete im Winter oder für Parzellen, die eine Saison brach liegen dürfen.

Esparsetten sind leicht zu säen, besser 3 cm tief in Reihen als breitwürfig. Die Esparsette ist winterhart und wächst auf unterschiedlichsten kargen Böden.

Vorteile von Gründüngern

- Beim Zersetzen reichern sie den Boden mit organischen Stoffen an und tragen zum Erhalt des Humus bei.
- Gründünger regen das mikrobielle Leben im Boden an.
- Die Wurzeln holen die Nährstoffe tief aus dem Boden und sorgen für eine verbesserte Belüftung und Wasserzirkulation im Boden.
- Sie locken zahlreiche Insekten, Bestäuber und Nützlinge an.
- Sie verhindern, dass Unkraut sich breit macht.
- Gründünger aus der Familie der Fabaceae reichern den Boden mit Stickstoff an.

1 Vorbereitung der leeren Parzelle: säubern und harken

Als Erstes wird die Parzelle von allen Resten vorheriger Kulturen gesäubert. Die Pflanzenreste wandern auf den Kompost. Mit dem Grubber lockert man den Boden, mit dem Vierzahn wird geharkt, dann mit dem Rechen wieder geebnet.

2 Breitwürfige Saat

Markieren Sie mit feinem Sand oder Mehl auf dem Boden Quadrate von 10 m × 10 m (100 m²) oder 1 m × 1 m, wenn Ihre Parzelle wesentlich kleiner ist. Wiegen Sie die für die Fläche benötigte Saatgutmenge ab und werfen Sie die Samen mit einer weiten Armbewegung aus, um die Samen so gleichmäßig wie möglich zu verteilen.

3 Vorsichtig bedecken und wässern

Verteilen Sie eine feine Lage gesiebten Kompost, dann leicht mit der Brause angießen.

4 Boden mit einem Brett oder einer Walze andrücken

Geeignet ist eine Walze für Rasensaat. Dann einige Monate wachsen lassen. Bei Trockenheit nötigenfalls gießen.

5 Mähen und liegen lassen

Fahren Sie nach Möglichkeit vor der Blüte mit dem Rasenmäher ohne Fangsack über die Pflanzen; vor allem bei Senf, der sich schnell selbst aussät. Lassen Sie die Pflanzenreste als Schutz für das Substrat liegen.

Die interessantesten Gründünger

Pflanze	Merkmale	Saat	Mahd	Saatgutmenge
Bockshornklee	exzellenter Stickstoffbinder	März bis August	Juni bis Oktober	0,2 kg/100 m^2
Dicke Bohne	übersteht sogar den Winter, kräftige Wurzeln, Stickstoff-speicher	April bis Oktober (bis November in wintermilden Regionen)	Juli bis März	2,5 kg/100 m^2
Hafer	ideal für lehmige Böden, zur Mischung mit anderen Gründüngern gut geeignet	Juli bis Dezember	April bis Juni	3 kg/100 m^2
Hornklee	verträgt Trockenheit, trägt Stickstoff ein, wächst schnell	April bis Juni	Juli bis Oktober	0,25 kg/100 m^2
Inkarnatklee	sehr schöne rote Blüten, produziert Biomasse und reichert den Boden mit Stickstoff an	April bis Oktober	September bis März	0,3 kg/100 m^2
Lein	sehr schöne blaue Blüte, wächst schnell	April bis Juli	September bis November	2,5 kg/100 m^2
Lupine	schön, von den Bienen und Hummeln geschätzt, bringt Stickstoff in den Boden	April bis Juli	Juni bis Dezember	1 kg/100 m^2
Luzerne	kräftiges Wurzelwerk, das die Erde lockert; wächst gut auf kalkhaltigen Böden, die sie mit Stickstoff anreichert	April bis Juni	Juli bis Dezember	0,35 kg/100 m^2
Phazelie	schöne Blüten, produziert reichlich Biomasse, wächst rasch und lockt Bestäuber an	März bis September	Juni bis November	0,25 kg/100 m^2
Roggen	guter Herbst-Gründünger für lehmige Böden	September bis November	Februar bis April	3 kg/100 m^2
Steinklee	verträgt dank seines Wurzelsystems auch Wassermangel und reichert den Boden mit Stickstoff an	Mai bis Juli	August bis März	0,2 kg/100 m^2
Weißer Senf	wächst schnell, beim Boden anspruchslos; vernichtet einige Nematoden und Pilze; nektarreiche Blüten; die Wurzeln fördern Kalium und Phosphor, was den Folgekulturen nützt	März/April oder Juni/Juli	Juni/Juli oder September/Oktober	0,2–0,3 kg/100 m^2
Wicke	dichte Vegetation, wächst rasch	März bis November	September bis März	0,5–0,7 kg/100 m^2

AUGUST

Victor Hugo sagte einst über den Monat August: „Jeder Tag verliert eine Minute, jedes Morgenrot beweint einen Sonnenstrahl und der Sommer schwindet Schritt für Schritt“. Victor Hugo war offensichtlich kein Gärtner. Im August hat man nämlich keine Zeit, zu bemerken, ob die Morgenröte täglich an Licht verliert. Man muss ständig gießen, ernten, Vorräte einlagern und konservieren, wenn man bis zum kommenden Frühling vom Gemüsegarten zehren möchte. Und man sollte an den Spätsommer denken, da es dann zu säen, vereinzeln und pflanzen gilt oder man den weiteren Anbau für Herbst und Winter betreibt. Also heißt es im August wohl eher: Keine Minute des Tages vergeuden!

ARBEITEN IM GEMÜSEGARTEN

Jetzt noch säen

- Säen Sie Schnittsalat und Salate, die Kälte vertragen, z. B. Wintersalate, Feldsalat, außerdem Spinat, Möhren, Winterrettich und Speiserübe.
- Vereinzeln Sie die Saaten aus dem Juli: Lauch-, Salat-, Kohl-Pflänzchen.

Ordnung machen

- Geizen Sie weiterhin die Tomaten aus.
- Schneiden Sie die Kürbisse, indem Sie die zu langen Triebe ohne Blüten oder Früchte um zwei Drittel einkürzen.

Alltägliches

- Legen Sie Bretter unter die Kürbisfrüchte, damit sie durch Berührung des Bodens nicht faulen.
- Gießen Sie den Kompost, wenn die Trockenheit zu lange anhält.
- Bleichen Sie einige der am weitesten entwickelten Endivien-Salate (Frisée oder Eskariol), indem Sie 10 Tage lang einen umgedrehten Blumentopf oder eine undurchsichtige Glocke darüberstülpen.
- Bereiten Sie den Boden für das Setzen neuer Erdbeerpflanzen vor – durch Lockern und Einarbeiten von reifem Mist mit dem Vierzahn oder der Grabegabel.
- Gießen Sie allabendlich die Saat und die pikierten Pflanzen.
- Teilen Sie dicke Rhabarberstöcke mit dem Spaten.
- Ernten Sie weiterhin Kartoffeln mit der Grabegabel. Lassen Sie sie vor dem Reinholen einen Tag lang abtrocknen.
- Ende des Monats entfernen Sie etwas Laub von den Tomaten und Melonen, damit sie gut reifen.

Zu den Zwiebeln

Sehen Sie nach den Zwiebeln. Wenn sie dick sind, aber noch grün, dann knicken Sie die Blätter ab. 3 Wochen später kann man die Zwiebeln dann ernten. Wenn sie trocken sind, ziehen Sie die farbigen Zwiebeln, den Knoblauch und die Schalotten heraus. Lassen Sie alles einen Tag lang in der Sonne trocknen, dann erst einlagern.

Aaaanhäufeln!

- Häufeln Sie die Knollige Kapuzinerkresse an, indem Sie vorsichtig Erde um den Stamm legen, ohne die Knollen zu verletzen.
- Häufeln Sie auch Fenchel, Kohl und Stangensellerie an.

Solange die Blätter grün sind, tankt die Zwiebel Energie.

Die einzige Gefahr beim Bleichen der Frisée-Salate unter den Töpfen sind die Nacktschnecken, die immer einen Weg finden, darunterzukriechen!

Tipp

Werfen Sie geschossene Salate nicht weg, braten Sie sie stattdessen mit Olivenöl und Bohnenkraut in einem Schmortopf goldgelb. Fügen Sie 1 Tasse Gemüsesuppe zum Garköcheln hinzu. Dann abtropfen lassen und im Backofen mit geriebenem Hartkäse überbacken.

Gärtner, die den Mond berücksichtigen, säen bei aufsteigendem Mond – nicht zu verwechseln mit zunehmendem Mond. Ersteres bezieht sich auf die Position des Mondes am Himmel, das zweite auf die sichtbare Mondscheibe.

Pro und Kontra

GÄRTNERN MIT DEM MOND

Hat der Mond einen messbaren Einfluss auf das Pflanzenwachstum im Allgemeinen und auf unsere Obst- und Gemüseernte im Besonderen?

Pro

- Der Mond beeinflusst uns und die Erde: Seine Anziehungskraft ist verantwortlich für die Gezeiten der Ozeane (und sogar das Heben und Senken der Erdboberfläche). Die Gezeiten sind stärker ausgeprägt, je näher der Mond zur Erde steht. Da Pflanzen überwiegend aus Wasser bestehen, kann man sich einen Einfluss der Mondphasen auf die Pflanzensäfte durchaus vorstellen.
- Es handelt sich um eine seit Jahrhunderten entwickelte Praxis. So berücksichtigen Forstleute und Holzfäller oft die Mondphasen beim Fällen von Bäumen.
- Ende der 1980er-Jahre hat Professor Ernst Zürcher von der Fakultät Forstwirtschaft an der Universität Zürich den Einfluss des Mondes auf Baumsetzlinge in Ruanda nachweisen können. Er wählte die Äquatornähe, um Störungen durch die Sonnenrhythmik zu minimieren.

Kontra

- Die zugrunde liegenden Mechanismen wurden noch nie durch Wissenschaftler belegt.
- Die überwiegende Mehrheit der Gärtner, Gemüsegärtner, Obstbauern und Landwirte berücksichtigt die Mondphasen nicht beim Kultivieren von Blumen, Gemüse und Früchten.
- Die besten Landwirte und Gärtner des 16. bis 18. Jahrhunderts haben den Gartenbau in Abstimmung auf den Mond abgelehnt, darunter z. B. Olivier de Serres, La Quintinie und Duhamel du Monceau.
- Das Vokabular (Symbole des Tierkreises anstelle astronomischer Zeichen, die Verknüpfung mit den Elementen Wasser, Erde, Luft, Feuer) ähnelt eher der Astrologie als der Wissenschaft.

Der Kompromiss

Der Mondkalender ist in erster Linie ein Gartenkalender. Er gibt uns die günstigen Zeiten für Saat, Pflanzung und Schnitt an. Er dient als Leitfaden. Wenn der Mond sich auf das Pflanzenwachstum auswirken sollte, sind weitere Faktoren aber mindestens ebenso wichtig: zuerst das Wetter, dann unser persönlicher Terminplan.

Beweisnot der Wissenschaft?

Es ist unmöglich, allgemeingültige Versuche durchzuführen, weil es keinen wissenschaftlichen Beweis gibt: Bei einem Sämling in der sogenannten „Wurzelphase“ kann man keine Kontrolle unter exakt gleichen Bedingungen zum Vergleich durchführen, weil es zeitgleich keinen Tag „Nicht Wurzelphase“ gibt.

Schwebfliegen legen lange Strecken von Blüte zu Blüte zurück und verteilen dadurch den Pollen. Sie lieben die Schafgarbe, aber auch Klatschmohn, Löwenzahn, Minze, Wilde Möhre, Hahnenfuß, Wegwarte oder Gänseblümchen.

Die Pflanze und ihr Insekt

GEWÖHNLICHE SCHAFGARBE UND SCHWEBFLIEGE

Mit ihrem gelb-schwarz gestreiften Hinterleib sieht die Schwebfliege wie eine Wespe aus, man kann sie aber leicht unterscheiden: Sie hat die Augen einer Fliege und kann auf der Stelle fliegen, sie greift nicht an und sticht auch nicht. In Deutschland gibt es etwa 460 Schwebfliegenarten. Ihre Larven sind gefräßige Räuber und verspeisen 400–700 Blattläuse innerhalb ihrer zehntägigen Entwicklung. Die Schafgarbe (*Achillea millefolium*) mit ihrem Nektar und den leicht erreichbaren Blüten lockt diese für Gärtner wichtigen Verbündeten an. Schwebfliegen können sich nicht von jeder Blüte ernähren: Phazelie, Klee oder Luzerne zum Beispiel sind zu tief, so dass sie den Nektar nicht erreichen.

Die Schafgarbe ist auch für ausgewachsene Florfliegen äußerst attraktiv, die sich von Honigtau und Pollen ernähren, während ihre Larven den Garten aufräumen, da sie Schildläuse, Blattläuse und Milben vertilgen. In ihrer Entwicklung verspeist eine Florfliegenlarve mehr als 500 Läuse. Innerhalb einer Stunde verputzt sie 30–50 Spinnmilben.

Die Pflanze hat auch einen zweiten Nutzen: Eine Abkochung oder ein Kaltwasserauszug mit Schafgarbe (100 g Blüten auf 1 l Wasser) beschleunigt die Kompostierung, in der Verdünnung 1 : 10 eignet sie sich zur Behandlung bei Pilzbefall.

Die Schafgarbe trägt ihren wissenschaftlichen Namen *Achillea millefolium* aufgrund der gefiederten und fiederteiligen Blätter (*millefolium* = „tausendblättrig“).

Um die Moniliose einzudämmen, dürfen sich die Früchte nicht berühren. Sprühen Sie mit Meerrettich- oder Schachtelhalmbrühe.

Die Plastikgitter eines Dörrgerätes sind weitmaschiger als die Edelstahl-Gitter. Sie eignen sich daher weniger für Beerenobst oder Kräuter, lassen sich aber leichter reinigen.

ARBEITEN IM OBSTGARTEN

Ein Auge auf alles haben!

- Entfernen Sie alle von Moniliose befallenen Pflaumen. Schneiden Sie die toten Äste und die Äste mit Moniliose aus, sobald Sie sie entdecken. Verbrennen Sie diesen Abfall. Lichten Sie die Bäume aus. Sie können es auch mit einem alkoholischen Auszug von Propolis versuchen: Mischen Sie 15 ml des Auszugs mit 10 l Wasser, geben Sie 35 g Kupfer und 50 g Algenpulver (*Lithothamnium*) hinzu.
- Prüfen Sie den Zustand des Bodens unter den vor weniger als einem Jahr gepflanzten Obstbäumen, dieser soll auf keinen Fall austrocknen.
- Achten Sie darauf, dass die Bindedrähte nicht in die Rinde der Äste einschneiden.
- Graben Sie alle Ausläufer der Himbeere aus, die die Wege überwuchern.
- Streuen Sie erneut Stroh um die Erdbeerpflanzen, damit die mehrfach fruchtenden Sorten sauber bleiben.
- Suchen Sie die Feigentriebe, die gerade verholzen, und gewinnen Sie Stecklinge daraus. Dazu schneiden Sie einen halb verholzten Ast ab, entfernen die unteren Blätter, damit sie in der Erde nicht verrotten, dann kürzen Sie den Trieb oben zur Hälfte ein, um die Wasserverdunstung zu verringern, und stecken den Trieb senkrecht in leichtes, feuchtes Substrat (Gemisch aus Pflanzenerde und Vermikulit oder Pflanzenerde und Sand). In einer geschützten Gartenecke im Schatten platzieren.

Investieren Sie

Informieren Sie sich über die gemeinsame Anschaffung eines Dörrapparates zusammen mit Nachbarn oder Freunden, um bei einer Temperatur von 40–50 °C Äpfel, Birnen, Pflaumen, Andenbeeren, Trauben, Feigen, Kirschen, Erdbeeren, Aprikosen, Mispeln oder Pfirsiche zu dörren. Sie können auch Tomaten, Zwiebeln, Paprika, Süßkartoffeln, Rote Bete, Zucchini, Pilze, Auberginen, Möhren oder Gewürzkräuter darin trocknen. Es handelt sich um eine sehr sparsame Form der Konservierung, auf einer Welle mit der Permakultur, weil die dehydrierten Nahrungsmittel sich lange aufbewahren lassen, das Aroma behalten und im Gegensatz zur Tiefkühlung keine weitere Energie für die Lagerhaltung nötig ist. Sie werden schmackhafte und besondere Chips als Vorspeisen oder fertige Mischungen für Ihre Suppen herstellen können.

In der Kompostecke
IM AUGUST KÜMMERT MAN SICH UM PROBLEMCHEN

- Der Komposthaufen produziert keine Wärme mehr: Er ist zu trocken, also gießen.
- Der Komposthaufen ist durchweicht: Breiten Sie ihn einige Tage in der Sonne aus. Wenn das Material zu grob ist, häckseln Sie die Äste und schichten Sie den Haufen in Lagen neu auf. Werfen Sie zwischen die Schichten eine Schaufel Erde. Es kann auch sein, dass zu wenig Stickstoffhaltiges im Haufen liegt. Geben Sie dann teilweise getrockneten Rasenschnitt, Pflanzenjauche (Brennnessel oder Beinwell), Unkraut und Küchenabfälle hinzu.
- Der Komposthaufen trocknet zu schnell: Wässern Sie gut, legen Sie Pappe oder Folie darüber, um die Feuchtigkeit zu bewahren. Eventuell abräumen und einen Schattenplatz suchen.
- Der Kern des Komposthaufens ist feucht und warm, außen bleibt er aber kalt: Dieser Haufen ist mit Sicherheit zu klein. Halten Sie ihn so voll wie möglich. Mischen Sie die ältesten Einträge mit den jüngsten, und die trockenen Reste mit den feuchten.
- Der Komposthaufen stinkt: Es herrscht Sauerstoffmangel und die Zersetzung erfolgt anaerob. Öffnen Sie den Haufen, lüften Sie die Schichten und setzen Sie ihn neu auf, fügen Sie immer wieder eine Schicht Ästchen hinzu, damit er belüftet wird.

Test: Ist der Kompost zu nass?
Nehmen Sie eine Handvoll Kompost und drücken Sie ihn in der Hand zusammen. Wenn wenige Tröpfchen zwischen den Fingern herausquellen und das Material beim Öffnen der Hand nicht zerfällt, dann hat der Kompost eine gute Feuchtigkeit. Wenn richtige Tropfen herausrinnen, dann ist der Kompost zu nass. Wenn gar kein Wasser herauskommt und das Material zerbröselt, dann ist der Komposthaufen zu trocken.

1 Pflanze, 3 Funktionen
WEINSTOCK: GUTER ERTRAG, SCHATTENSPENDER UND KLIMAANLAGE

Zum Beschatten einer Terrasse oder der Klimatisierung einer Hauswand in Südlage denken Sie an den Wein: winterhart, gut angepasst an alle Böden und trockenheitsverträglich. Und der Stock wird jedes Jahr schöner. Man findet eine riesige Auswahl an Sorten, so dass man den Wein bis in 1000 m ü. NN anbauen kann. Ein Weinstock wird bis zu 5 m hoch und wächst alljährlich ca. 50–60 cm oder mehr. Die großen Blätter werfen einen starken Schatten, sobald die Pflanze ausgewachsen ist. Man kann die Trauben trocknen (‘Perlette’ und ‘Korinthiaki’ wären dazu ideal), man kann sie aber auch frisch essen, Saft, Konfitüre oder Kuchen daraus machen, oder den Vögeln einen Teil als Futter überlassen. Die Weinblätter lassen sich mit Reis füllen, so stellt man Dolmas her. Das sind die kleinen Röllchen aus Weinblättern, gefüllt mit Reis, Zucchini, Tomaten, Zwiebel oder Paprika und Gewürzen. Und die geschnittenen und getrockneten Triebe dienen als Anzünder.

Im Spätwinter schneidet man jeden Ast bis auf 3 Augen zurück, um die Bildung neuer Triebe anzuregen. Später lassen Sie maximal 5 Pergel Trauben pro Ast stehen.

Kürbiskerne sind ein natürlicher Mineralienspender, bekannt auch für ihre Wirkung gegen Wurmbefall des Verdauungstraktes.

Zusammensetzung von 100 g Kürbiskernen

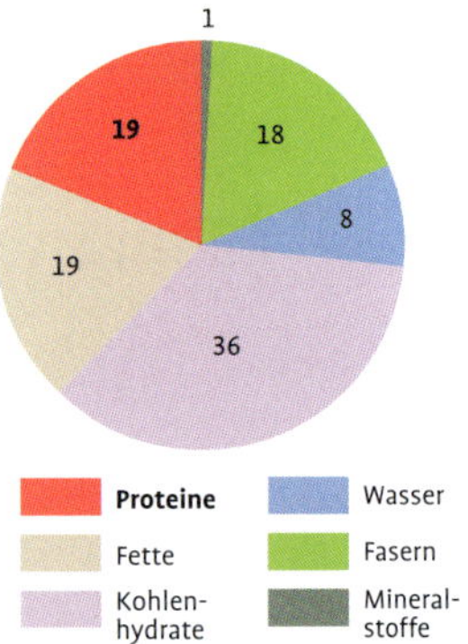

Grüne Proteine aus eigenem Anbau

KÜRBISKERNE

Wissenschaftlicher Name: *Cucurbita* spec.
Familie: Cucurbitaceae
Volksname: Kürbis, Speise-Kürbis, Garten-Kürbis, Winter-Kürbis. Für die Gewinnung von Kürbiskernen empfehlen sich Sorten mit schalenlosen Samen, z. B. *C. pepo* 'Lady Godiva', *C. pepo* 'Styrian Hulles' oder Beppo F1.
Herkunft: Mittelamerika
Bedingungen: humoser, tiefer, frischer Boden, gut dräniert
Standort: Sonne
Ertrag: bis zu 300 g pro Frucht, also ca. 3 kg (geschälte) Kerne pro Pflanze

Das Perma +

Eine einzige Kultur mit zwei Ernten – einerseits das Fruchtfleisch für Suppen, Kuchen und Gratins und andererseits die Kerne, die man im Bioladen extrem teuer einkaufen müsste.

Kürbis-Anbau

Im April: Kürbissamen bei einer Mindesttemperatur von 12 °C im Haus aussäen, sie brauchen Wärme zum Keimen. Je nach Kürbissorte unterscheiden sich Farbe und Geschmack der Kerne.

Mitte Mai: Pflänzchen auspflanzen. Geben Sie jeder Pflanze einige Schaufeln Kompost, weil die Kürbisse Vielzehrer sind. Knipsen Sie die Langtriebe ab, damit sich die Pflanzen verzweigen.

Ab Oktober: Ernten Sie die Kürbisse vor dem ersten Frost, aber so reif wie möglich (wenn der Stängel holzig wird). Die Kerne reifen ausschließlich im Kürbis. Jedes Mal beim Verzehr eines Kürbis entnehmen Sie die Kerne und waschen die Fasern ab. Essen Sie die Kürbiskerne besser roh als geröstet, denn dabei verlieren Sie einen Teil ihrer Nährstoffe. Zum Trocknen werden die Kerne auf einem Blech bei 80 °C in den Ofen geschoben. Man kann während des Trocknens Salz, Pfeffer oder Gewürze zugeben. Das Trocknen im Dörrapparat ist ebenfalls möglich.

Ab in den Kühlschrank!
Man sollte frisch geerntete Kürbiskerne im Kühlschrank aufbewahren, um das Ranzigwerden zu verzögern.

Achtung, Goji-Beeren haben einen hohen Solanin-Gehalt, der sie im unreifen Zustand giftig macht, vollreif stecken sie voller Vitamine und Mineralien. Aber sie können auch Kreuzallergien auslösen.

Lust auf Ungewöhnliches
BOCKSDORN-BEERE

Wissenschaftlicher Name: *Lycium barbarum*. Im Süden des chinesischen Anbaugebietes wird auch die Art *Lycium chinense* angebaut. Sie ist herber und hat geringere Nährwerte.
Familie: Solanaceae
Kategorie: Strauch

Volksname: Gemeiner Bocksdorn, Goji
Herkunft: China, Tibet
Bedingungen: Sonne, trockener, gut durchlässiger, eher nährstoffarmer Boden; wächst sogar am Strand
Ertrag: im 1. Jahr nur vereinzelt, im 2. Jahr ca. 400–500 g pro Pflanze, im 3. Jahr 700–800 g pro Pflanze

Der Bocksdorn ist eine gute Ergänzung zum Beerenobstsortiment. Die Beeren lassen sich trocknen und lange lagern, man kann sie auch tiefgefrieren. Vorsicht jedoch, da manche Menschen auf die Früchte allergisch reagieren.

Bocksdorn-Anbau

Im April: Den Strauch mit etwas garem Kompost versorgen.

Mai/Juni: Die Spitzen der Triebe kappen, um den Strauch zu formen. Die langen überhängenden Triebe werden rasch sehr üppig. Stützen.

Juli/August: Regelmäßig gießen und mit Stroh mulchen.

August bis Oktober: Ernte der länglichen, orangeroten Beeren, sobald sie reif sind. Ihre guten Eigenschaften wurden aus Werbegründen etwas aufgeblasen. So wurden sie für den Gehalt an Antioxidantien gepriesen. Es stimmt jedoch: Mehrere Studien in vitro und in vivo (bei Mäusen und Menschen) zeigten, dass die Polysaccharide von *Lycium barbarum* eine antioxidative Wirkung und auf das Immunsystem günstige Effekte haben.

Zwischen Dezember und März: Rückschnitt der Kontur, kein Winterschutz nötig, weil der Strauch winterhart ist.

Für die Gemeinschaft
Nun ist die Zeit zum Überlegen gekommen, wen man an der sich ankündigenden reichen Ernte teilhaben lässt. Familie, Freunde und Nachbar stehen wahrscheinlich an erster Stelle. Vielleicht gibt es in Ihrer Nähe aber auch eine Suppenküche oder eine Tafel. Informieren Sie sich bei lokalen Hilfsdiensten.

Ein einfaches Insektenhotel ist ein schönes Projekt zum selber basteln.

Eine Frage der Bezeichnung

Man kann zur Bezeichnung eines Insektenhotels auch das lateinische Wort *hibernaculum* nach dem Wort für das „Zelt im Winterlager" verwenden. Es handelt sich um einen Rückzugsort, Unterschlupf oder den Teil des Baus, in dem ein Tier überwintert. In der Mehrzahl spricht man von *hibernacula*. Der Begriff bezeichnet eine Vielzahl verschiedenartiger Plätze für Insekten, Amphibien, Fledermäuse, Schlangen oder Echsen.

Und wenn … ICH EIN INSEKTENHOTEL BAUE?

Ein Insektenhotel ist sicher für einen Permakultur-Garten nicht nötig, doch es hat jederzeit einen Nutzen, da es zusätzlichen Unterschlupf zum Überwintern bietet. Und es ist selbstverständlich, dass dieses Gestaltungselement nur zusammen mit geeigneten Pflanzungen sinnvoll ist. Was nützt es, den Insekten einen Unterschlupf zu bauen, ohne ihnen einen reichhaltigen und vielfältigen Lebensraum zu bieten, in dem sie etwas zu fressen finden und sich vermehren können – heimische und nektarreiche Pflanzen.

Wohin mit dem Hotel?

Richten Sie die Konstruktion nach Süden oder Südosten, eventuell auch Osten, mit der Rückwand zur Hauptwindrichtung aus. Ideal wäre es an einer Mauer oder Hecke angebracht. Es muss mindestens 30–40 cm über dem Boden hängen und wenn möglich vor Witterungseinflüssen geschützt sein. Die Rückseite muss vollständig geschlossen sein.

Wer wohnt wo?

Florfliegen: Kiste voll Holzwolle mit einigen Öffnungsschlitzen; ein Bündel von Brettchen einer ausgedienten Gemüsekiste

Hummeln: Kiste mit Moos mit einer runden Öffnung von 1 cm Durchmesser und einem Brettchen zum Abflug

Solitärbienen: trockenes Holz mit Bohrlöchern mit glatten Innenwänden, damit die empfindlichen Flügel nicht Schaden nehmen; hohle Ziegel, gefüllt mit einer Mischung aus Lehmstroh

Schwebfliegen: markhaltige Äste (Brombeere, Himbeere, Rose, Holunder, *Buddleja*, Knöterich, Fenchel, Bambus, *Osmanthus*)

Ohrenkneifer: ein etwas angeschlagener Blumentopf, den Boden nach oben gerichtet und voller Stroh

Laufkäfer: Aststücke, Moos, Rinde

Marienkäfer: Tannenzapfen

Schmetterlinge: Kiste mit einem Brett, bedeckt von Öffnungsschlitzen in 1 cm Breite

Moderkäfer (Kurzflügler): Ziegel, flache Steine, Pflanzenhaufen

Für ein Mäuerchen sollte man Steine unterschiedlicher Form und Größe verwenden, die vor Ort zu finden sind. Sie sollten nicht zu stark gerundet sein. Das Mäuerchen wird auf einer ebenen, verdichteten Fläche errichtet.

VIER ALTERNATIVEN ZUM HOTEL

Trockenmauer

Legen Sie unter einen Abschlussstein oben auf der Mauerkrone ein Plastikrohr von 2 cm Durchmesser als Zugang zur Erde. Lassen Sie zwischen manchen Steinen auch Lücken ohne Mörtel oder Erde, was den tunnelbauenden Spinnen und vielen Insekten als Rückzugsort dient. Direkt an der Mauer kann man Lavendel , Ysop, Schnittlauch, Schnittknoblauch, Oregano, Minze pflanzen, was den Bienen, Schmetterlingen, Fliegen und Wespen schmeckt, außerdem Salbei oder Muskateller-Salbei für die Hummeln, oder Thymian und Rosmarin. Letzterer blüht früh und dient mit seinem immergrünen Laub als Unterschlupf für kleine Spinnen. Setzen Sie auch Beifuß oder Pimpernelle, deren Blätter etliche Raupenarten mit Futter versorgen.

Unbeheizte Gartenhütte

Das ist der Unterschlupf der Florfliegen. Lassen Sie sie in Ruhe Winterschlaf halten und öffnen Sie im Spätwinter die Tür, damit sie davonfliegen können. Setzen Sie die Florfliegen, die sich in einen warmen Raum im Haus verirrt haben, ins Kühle, sonst brauchen die Insekten ihre Reserven zu schnell auf.

Baumstumpf

Halb eingegraben dürfte ein Stumpf das Interesse der Laufkäfer wecken. Diese fleischfressenden Insekten sind imstande, die Larven des Haselnussbohrers im Boden aufzuspüren. Auch verspeisen sie in großen Mengen die Raupen der Wickler.

Brachfläche

Im Spätsommer legt das Große Grüne Heupferd seine Eier im blanken Erdboden ab. Das Heupferd ernährt sich überwiegend von tierischer Nahrung und ist damit eine Verstärkung für Marienkäfer und Schwebfliegen. Mit seinen kräftigen Mundwerkzeugen jagt es die Larven der Kartoffelkäfer oder Raupen. Es gibt also einen guten Grund, den Boden nicht umzugraben, wenn es nicht nötig ist: der Schutz der Kinderstube des Heupferds. Außerdem sind 80 % der Wildbienen Erdbewohner und graben ihr Nest in der Erde.

Keine Wespenfallen mehr!

Wespen sind im Garten im Gegensatz zu ihrem schlechten Ruf sehr nützlich. Eine Solitärwespe der Gattung *Passaloecus* fängt während ihres wenige Wochen dauernden Lebens die beachtliche Menge von 1500 Blattläusen, während eine staatenbildende Wespe (diese sieht man häufiger) gut 1000 Fliegen und 1000 Raupen verspeist!

Wiederverwertung von Holz im Garten?

Abgestorbenes Holz ist ein Energieträger. Und bei der Permakultur nutzt man alle möglichen Arten von Energie. Kaminfeuer ist nicht der einzige Weg, um diese Energie auszuschöpfen. Man kann damit noch wesentlich Besseres anfangen.

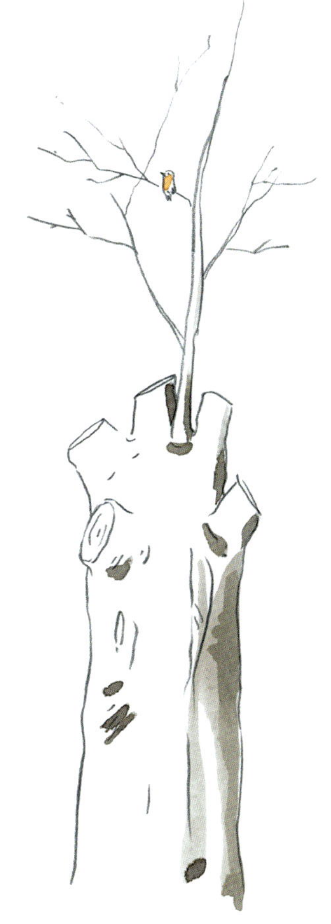

Die Menge von Totholz im Wald gilt seit 2011 als Indikator für Artenvielfalt. Seit einigen Jahren geht man jedoch auch davon aus, dass das verschiedenartige abgestorbene Holz, und nicht allein die Menge, die lokale Artenvielfalt deutlich beeinflusst. Man findet abgestorbenes Holz in unterschiedlichem Zustand und unterscheidet nach Nutzholz, Durchmesser der Äste, Verfall (überalterter Baum, abgestorbener Ast an gesundem Baum, Windbruch), Position (liegend, stehend, lebende oder tote Baumkrone, in gewisser Höhe usw.), Grad der Verschüttung, Alter zum Zeitpunkt des Absterbens, Restfeuchte. Jede Holzart wird zum Unterschlupf für ganz bestimmte Arten. Stücke von großem Durchmesser (mehr als 40 cm), also Wurzelstümpfe und kahle, astlose Bäume, sind besonders wichtig für die Artenvielfalt, weil sie vielen Arten Schutz geben. Noch dazu sind diese Arten seltener als jene im Holz auf dem Boden. Andere Forschungsarbeiten betonen die Wichtigkeit der alten Bäume oder der Bäume mit Mikrohabitaten (Höhlen und Risse), die ebenfalls Lebensraum bieten. Diese Kleinstlebensräume werden zusehends als mögliche Indikatoren für Biodiversität interpretiert.

Vier Beispiele für Holzrecycling

1 Gehölzschnitt

Schnittgut nützt in unterschiedlicher Weise: **Gehäckselt** wandert es auf den Kompost, liefert dort wertvollen Kohlenstoff, der zusammen mit dem Stickstoff des Rasenschnitts, des Unkrauts und der Küchenabfällen für eine gute Zersetzung des organischen Materials und den Temperaturanstieg im Komposthaufen sorgt.
Abschnittsweise zwischen den einzelnen Lagen des Komposts verhindert das Schnittgut die Verdichtung des Materials und dadurch gelangt Sauerstoff bis in die Mitte des Komposthaufens, was dort den Zersetzungsprozess durch die Mikrofauna aktiviert.
Gebündelt und senkrecht in einem Sandsilo zur Gemüselagerung aufgestellt, schaffen sie einen natürlichen Belüftungskanal.
Manche Arten lassen sich leicht vermehren: Sammeln Sie dazu gesunde Abschnitte und legen Sie sie in eine tiefe Rinne mit Erde oder besser noch einen Tontopf. Rasch haben Sie kostenlose Jungpflanzen, z. B. für eine neue Hecke mit Schmetterlingsflieder, Pfeifenstrauch, Heckenrosen, Liguster usw.

2 Permakultur-Hügel

Ein Hügelbeet nach Permakultur-Art, das sich selbst versorgt, besitzt einen Kern aus sich zersetzendem Holz. Es speichert so Wasser und der Boden bleibt über einen längeren Zeitraum hinweg fruchtbar.
In einem Loch von 50 cm Tiefe und mindestens 1 m Breite schichtet man dicke Äste ein, die bereits in Zersetzung übergehen, darüber kommt eine Schicht belaubter Äste, Grünabfall, Rasenschnitt und zuletzt leicht zersetzter Kompost. Am Schluss bedeckt man das Ganze mit der ausgehobenen Erde und einer Strohschicht.

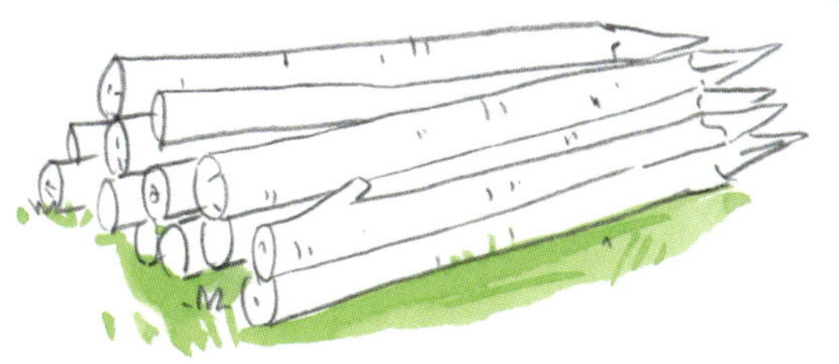

3 Pfähle, Stützen und Gerüste

Der Rückschnitt der Haselnuss-Büsche oder der jährliche Schnitt von Linde, Esskastanie, Schneeball, Robinie produzieren im Winter oder im Spätsommer eine üppige Menge an Geäst. Die gerade gewachsenen Triebe eignen sich als Pfähle, die dünnsten als Stangen für die Erbsen und Stangenbohnen, Tomaten oder Gurken.

Manche Käferarten sind stark auf Totholz angewiesen, darunter der Hirschkäfer (*Lucanus cervus*).

Die Larve des Goldglänzenden Rosenkäfers ernährt sich während ihrer gesamten Entwicklung hindurch von verrottendem Holz, aber sie nimmt auch andere organische Stoffe an und so findet man sie auch im Kompost.

Asseln sind die einzigen Krebstiere, die nicht im Wasser leben. Sie sind aus der Zersetzungskette nicht wegzudenken. Weil sie das Licht scheuen, suchen sie dunkle, feuchte Orte auf, wo sie in Kolonien leben. Totes Holz gehört zu ihren Lieblingsplätzen.

4 Reservate der Artenvielfalt

Der Zersetzungsprozess von abgestorbenem Holz umgibt sich mit zahlreichen pflanzlichen und tierischen Lebensgemeinschaften, die sich sukzessive im Lauf der Zeit bilden. Die Artenzusammensetzung, die man dabei findet, verändert sich je nach Art des Baums, nach seiner Größe (Durchmesser und Länge), Position (stehend oder am Boden liegend) und des Feuchtigkeitsgehaltes. Etwa 35 Säugetier- (darunter Igel) und Vogelarten, 20 Amphibien- und Reptilienarten, unzählige Gastropoden (Schnecken), Pilze und Pflanzen sind während ihres Lebens Nutznießer eines toten Baumes. Doch die Insekten benötigen das tote Holz am dringendsten.

Das am Boden liegende Totholz, das feuchter als ein aufrechtes Baumgerippe ist, lockt holzfressende Insekten an, die es gern kühl und schattig haben.

SEPTEMBER

Egal ob man Urlaub gemacht hat oder nicht, der September markiert einen Wendepunkt im Garten. Man hat keine große Lust mehr auf Sonnenschein, eher wünscht man sich etwas Regen (in der Nacht), angenehmere Temperaturen für die Gartenarbeit, ein milderes Licht für die 1000 Nuancen im Gemüsegarten: das sanfte Grün der Gurken, den Reifbelag auf den Pflaumen, den Flaum der herbstlichen Himbeeren, die leuchtende Lederfarbe der Kürbisse. Es trifft sich gut, dass der September uns all das zu bieten hat, und dazu bekommen wir als Zugabe noch einen vollen Arbeitskalender.

ARBEITEN IM GEMÜSEGARTEN

Immer noch säen und pflanzen

- Säen Sie ins Freiland Frühjahrskohl, Spinat, Wintersalat, weiße und rote Zwiebeln, Radieschen, Kerbelrüben und Feldsalat. Blumenkohl-Pflänzchen, die Sie im August im Haus ausgesät und vorgezogen haben, können jetzt noch ins Freiland gepflanzt werden.
- Ersetzen Sie die älteren Erdbeerpflanzen (älter als etwa 3 Jahre) durch neue.

Pflanzenschutz

- Besprühen Sie alle Blätter, die Spuren des Falschen Mehltaus aufweisen, zum Eindämmen mit einer auf 10 % verdünnten Milchlösung ein, darunter Kürbis, Tomaten, Gurken.
- Fangen Sie Nacktschnecken, denn diese warten bei der geringsten Feuchtigkeit darauf, über den jungen Salat herzufallen.

Ein Paar Blumen

- Setzen Sie Zwiebeln von Narzissen, Tulpen, Schneeglöckchen und Krokussen. Sie werden sich über einige Farbtupfer im Frühling sicher freuen.
- Man kann jetzt auch noch Schwertlilien auspflanzen oder deren große Knollenbündel teilen.
- Sammeln Sie die Samen von Ringelblumen und Kapuzinerkresse ab, um sie im nächsten Jahr zwischen den Gemüsepflanzen wieder auszusäen. Und schneiden Sie unschöne Stauden zurück.

Ein wenig Ordnung

- Schneiden Sie die welken Dahlienblüten und die trockenen Gladiolen ab.
- Beginnen Sie damit, die Beete dort zu räumen, wo kein Gemüse mehr zur Ernte anfällt. Säen Sie überall, wo es möglich ist, *Phacelia*, Senf und Roggen, entweder einzeln oder gemischt mit Wicken, Klee oder Buchweizen aus. Das schützt den Boden über den Winter und im Frühling wird es abgemäht.
- Von selbst Aufgegangenes macht wieder Boden gut: Reißen Sie alles aus, was mit Ihren Kulturen konkurriert, lassen Sie aber für die wilde Fauna am Rand des Gemüsegartens oder in einer abgelegenen Gartenecke einen Streifen stehen.

Ein wenig Pflege

- Häufeln Sie Lauch und Kohl etwas an, damit er stabiler steht.
- Bleichen Sie Cardy, Sellerie, Chicorée, Fenchel und Endivien.

Die Verbreitung von Falschem Mehltau wird durch von selbst aufgelaufene, anfällige Pflanzen wie Gänsedisteln gefördert.

Vor Mitte Oktober gesetzte Erdbeerpflanzen tragen schon ab dem Folgejahr Früchte.

Tipp
Eine wilde Clematis bildet mehrere Meter lange Triebe aus. Schneiden Sie diese im September, wenn sie noch elastisch sind, und flechten Sie damit zwischen Akazien-Pfosten kleine Zäunchen.

Kapuzinerkresse lenkt Blattläuse und Weiße Fliegen von Tomaten-, Auberginen-, Paprika- und Kartoffelpflanzen ab.

Pro und Kontra

VERGESELLSCHAFTUNG VON PFLANZEN

Beim Anbau in Form von Pflanzengemeinschaften zu gegenseitigem Nutzen setzt man Pflanzen zusammen, die einander unterstützen: als Gesundheitsvorsorge, Sonnenschutz, Stütze, Wirte für Nützlinge, Nährstoffförderung, Anregung zum Wachstum. Ist das tatsächlich wirkungsvoll?

Pro

- In der Natur wachsen die Pflanzen auch nicht in einer Monokultur.
- Vergesellschaftung ist aus der Beobachtung vieler Generationen von Gärtnern entstanden.

Kontra

- Die Annahmen sind unwissenschaftlich und stammen teils aus dem Volksmund.
- Es kann sein, dass die als „Gesellschafter" bezeichneten Pflanzen völlig unterschiedliche Ansprüche haben (Wasser, Licht, Boden). Der Anbau zusammen kann also schwierig werden. Thymian beispielsweise, der die Weiße Fliege fernhalten soll, wird in der Nähe von Kohlpflanzen empfohlen. Aber er liebt trockenen Boden, der Kohl dagegen frischen…
- Im Erwerbsanbau von Gemüse, wo der Ertrag im Vordergrund steht, wird Vergesellschaftung kaum betrieben.

Der Kompromiss

Bei der Permakultur mischt man die Pflanzenarten sowieso. Manche Kombinationen sind allgemein anerkannt.

- Köderkulturen: Manche Pflanzen locken Schädlinge an, wodurch diese Schädlingen von der Hauptkultur ablassen. Ein Beispiel dafür ist die Kapuzinerkresse, die unweigerlich die Blattläuse auf sich zieht.
- Vergrämungskulturen: Manche Pflanzen geben bestimmte Moleküle ab (über die Wurzeln oder oberirdische Pflanzenteile), die die Entwicklung von Parasiten hemmen oder sie abschrecken. Das trifft auf die Gewöhnliche und die Hohe Studentenblume zu, deren Wurzeln Thiophen abgeben. Thiophen verhindert das Wachstum von Nematoden im Boden. Daher sind Tagetes gute Begleiter für Tomaten.
- Ein weiteres Beispiel wären hoch wachsende Pflanzen, die sich den Platz mit niedrigen, Halbschattenpflanzen teilen oder Pflanzen mit schnellem Wachstumszyklus (Radieschen) und solche mit langer Entwicklungsphase wie Möhren, Tomaten oder Auberginen.

Der Tagetes-Effekt
Tagetes sind gute Gesellschafter der Tomaten, weil sie die Entwicklung von parasitierenden Nematoden im Boden stören. *Tagetes patula* (Gewöhnliche Studentenblume) ist wirkungsvoller als *Tagetes erecta* (Hohe Studentenblume). Es sieht so aus, als würde ein Wurzelextrakt ebenfalls als Insektizid bei einigen Arten (u. a. Fliegen, Miniermotten, Rüsselkäfer) wirken. *Tagetes minuta* (Mexikanische Studentenblume) vergrämt dank ihrer über die Luft abgegebenen Bestandteile einige Läusearten und wirkt zudem als Fungizid gegen die Dürrfleckenkrankheit bei Kartoffeln.

Das sehr häusliche und territoriale Rotkehlchen entscheidet sich zuweilen gegen den Vogelzug. In harten Wintern sollte es eine abwechslungsreiche Nahrung aus reichlich Beeren und Würmern bekommen. Letztere kann man getrocknet im Gartenfachhandel oder Angelgeschäft kaufen.

Die Pflanze und ihr Vogel

PFAFFENHÜTCHEN UND ROTKEHLCHEN

Ein enges Band verbindet das Pfaffenhütchen mit den überwinternden Singvögeln. Die seltsam aussehenden Früchte, tiefrosa Kapseln mit vier Segmenten, hüllen kleine elfenbeinfarbene Kerne ein, die relativ weich und von einem leuchtend orangeroten Samenmantel (Arillus) umgeben sind. Im November und Dezember sind die Kapseln weit geöffnet und die Samenmäntel sichtbar. Die fleischigen Samenmäntel sind wie Manna für die Vögel, weil sie sehr fettreich (36–54 % der Trockenmasse) sind und bestens geeignet als Futter zur Vorbereitung auf den Winter. Die Vögel verschlucken die Kerne mit Samenmantel, „quetschen" die Samenmäntel aus, und die intakten Samen passieren den Verdauungsapparat zur weiteren Verbreitung.

Besonders das Rotkehlchen ist von dieser winterlichen Futterquelle abhängig, aber auch überwinternde Mönchsgrasmücken (ein Teil der Vögel zieht nach Süden), Amseln und Singdrosseln. Seltener kommen auch Hausrotschwanz (dort, wo er überwintert), Misteldrossel und Wacholderdrossel ans Büffet.

Fünf Arten verspeisen in erster Linie die Früchte des Pfaffenhütchen: Rotkehlchen, Mönchsgrasmücke, Mistel- und Wacholderdrossel sowie Meisen.

Bei starkem Regen sollten Sie die Schutzhüllen der Trauben unten zum Ablaufen des Wassers mit Einschnitten versehen.

ARBEITEN IM OBSTGARTEN

Starthilfe

- Stützen Sie die Äste von Pflaumen- und Apfelbäumen, die viele Früchte tragen.
- Wenn die Trauben noch nicht reif sind, entfernen Sie einige Blätter, damit die Trauben Sonne bekommen. Schützen Sie die schönsten Traubenpergel mit Beuteln, damit sie nicht von den Vögeln gefressen werden.

Die Früchte der Arbeit

- Ernten Sie die reifen Trauben bevor die Vögel sich darüber hermachen. Schneiden Sie sie mit einem Stück der Weinranke ab, die in eine Flasche voll Wasser gehängt wird. So halten sich die Trauben einige Wochen.
- Pflücken Sie Äpfel und Birnen, bevor sie vom Baum fallen, so sind sie besser lagerfähig.
- Ernten Sie täglich die Feigen, weil sie schnell reifen.
- Ernten Sie weiterhin Himbeeren und Rote sowie Schwarze Johannisbeeren. Ernten Sie die letzten Brombeeren und ihre Mischungen (z. B. Taybeeren).
- In mildem Klima beginnen Sie jetzt die Feijoa-Ernte.

Die Textur des Feijoa-Fleisches ist etwas körnig, ähnlich wie bei manchen Birnensorten. Geschmacklich ist es eine Mischung aus Guave, Ananas und etwas Erdbeere.

Wachsamkeit

- Sehen Sie nach kranken Himbeertrieben und schneiden Sie diese heraus.
- Sollten einige Bäume stark von Wollläusen befallen sein, streichen Sie die Stämme ein, um die Überwinterungsformen abzutöten. Mischen Sie dazu 4/5 Lehm und 1/5 Bordeaux-Brühe in Wasser und fügen Sie Pflanzenöl (1 l auf 5 l Flüssigkeit) hinzu, damit die Schicht nicht reißt.
- Halten Sie die Kiwi weiter durch leichten Schnitt im Zaum. Dünnen Sie die Blätter aus, damit die Früchte besser reifen können. Männliche Kiwi-Pflanzen kann man rigoroser zurückschneiden.

In der Kompostecke

IM SEPTEMBER LÖST MAN PROBLEME

Der Komposthaufen sollte zu dieser Jahreszeit gut gefüllt sein. Auch wenn Sie an alles (Materialschichten, Gießen, Lüften, Umsetzen) gedacht haben, können Probleme auftreten. Doch keine Sorge, es gibt für alles eine Lösung.

Was ist mit meinem Kompost los?

	Ursache	Problembehandlung
Es passiert nichts.	Das Material ist zu trocken.	Wässern bis auf den Kern. In den Schatten umplatzieren.
	Das Material ist zu holzig.	Schichten Sie den Haufen neu auf und geben Sie Rasenschnitt, Unkraut, Brennnesseln, Abfälle aus der Küche und dem Gemüsegarten hinzu. Häckseln Sie die Zweige. Geben Sie einigen Schaufeln Erde oder anderen Kompost hinzu, um den Haufen mit Mikroorganismen zu impfen.
	Die Stücke sind zu dick.	Schieben Sie die Äste durch den Häcksler.
	Das Volumen ist zu klein.	Werfen Sie noch mehr organisches Material dazu.
Der Kompost riecht unangenehm.	Schwefelgeruch zeigt an, dass der Kompost zu nass ist und Sauerstoffmangel herrscht.	Heben Sie das Material aus und breiten Sie es einige Tage auf einer Folie trocken aus. Lockern Sie den Kompost zur Belüftung. Bedecken Sie den Haufen bei starkem Regen.
	Ammoniakgeruch ist ein Signal für Überschuss an Grüngut.	Geben Sie Karton, Stroh, Asthäcksel oder Laub hinzu.
Nagetiere	Manche Stoffe locken sie an, u. a. Fleischreste oder Käserinde.	Werfen Sie keinesfalls tierische Abfälle auf den Kompost, nur Eierschalen.
Mücken (Essigfliegen)	Früchte liegen an der Oberfläche.	Bedecken Sie den Kompost mit einer dicken Lage trockenen Rasenschnitts.
Große blaue Aasfliegen	Im Kompost sind Fleischreste.	Werfen Sie keinesfalls tierische Abfälle auf den Kompost, nur Eierschalen.
Unkraut wächst aus dem Kompost.	Der Haufen wurde zu lange „vernachlässigt“.	Reißen Sie das Unkraut aus, entnehmen Sie den garen Kompost und setzen Sie einen neuen Haufen mit frischem organischem Material auf.

1 Pflanze, 2 Funktionen

FARN: PFLANZENSCHUTZMITTEL UND MULCH

Farne sind im Garten unersetzlich. Ihre trockenen Wedel eignen sich wunderbar als Stroh für Erdbeeren, die damit sauber bleiben. Aus Adlerfarn kann man eine vielfach nützliche Jauche herstellen. Pur ist sie ein Insektizid, besonders gegen Woll- und Schildläuse. Das Spritzmittel wirkt auch vorbeugend gegen Rost und Mehltau. In 10 %iger Verdünnung im Gießwasser wirkt die Jauche als Kalium und Magnesiumdünger, vergrämt Schnecken und Nacktschnecken sowie Maulwürfe. Eine Woche vor dem Legen der Kartoffeln sollte man die Parzelle mit 10 %iger Farnjauche wässern. Wiederholen Sie das Ganze eine Woche später nochmals und pflanzen Sie direkt in die nasse Erde. Den Abfall der Jaucheherstellung kann man zwischen den Kartoffelreihen unterharken.

Achtung giftig! Der Adlerfarn gehört traditionell zur Ernährung der Japaner, ein Zusammenhang mit dort häufig auftretendem Magen-Krebs gilt als erwiesen.

Grüne Proteine aus eigenem Anbau
WALNUSS

Wissenschaftlicher Name: *Juglans regia*
Familie: Juglandaceae
Volksname: Walnuss
Herkunft: Kleinasien
Bedingungen: Licht, frischer, humoser, durchlässiger Boden
Ertrag: ca. 20 kg pro Baum, bei großen ertragreichen Bäumen auch mehr

Zusammensetzung von 100 g Walnüssen

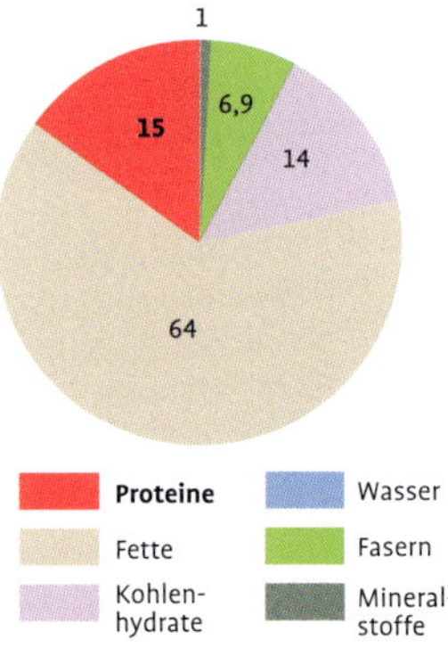

Giftiger Walnussbaum?

Seinen schlechten Ruf hat der Walnussbaum aufgrund des Juglons in den Blättern. Dieser chemische Stoff verhindert das Keimen und das Wachstum vieler anderer Pflanzenarten (Allelopathie). Ein dichter Walnussbestand konzentriert das Juglon wirkungsvoll im Boden während ein einzelner Baum zusammen mit anderen Sträuchern nicht toxisch ist. Roter Hartriegel und Weißdorn vertragen sich gut mit Nussbäumen und sie wirken gegen die Toxine. Pflanzen Sie diese einfach zusammen mit Walnussbäumen.

Das Perma +

Dieser Baum produziert gut lagerfähige Früchte und ein hochwertiges Hartholz.

Walnuss-Anbau

Walnüsse erntet man von Bäumen ab dem 8. bis 10. Lebensjahr. Der Baum ist selbstfruchtbar, aber man kann bei ausreichend Fläche auch mehrere Bäume setzen, um das Fruchten zu verbessern. Setzen Sie den Baum im November/Dezember oder im Spätwinter. Extreme Bodeneigenschaften (zu sauer, zu alkalisch, luftundurchlässig) sind zu vermeiden. Der Baum ist winterhart, die Jungtriebe vertragen jedoch keinen Frost. Wählen Sie daher standortgeeignete Züchtungen aus. In Regionen mit spätem Frühlingbeginn und niedrigen Temperaturen eignet sich 'Franquette', die ab Mitte Mai blüht, odert 'Meylannaise' und 'Parisienne', die im Mai/Juni blühen. Manche Sorten tragen schon nach 5–6 Jahren, darunter 'Ferjean' oder 'Lara'. Bedenken Sie die Ausladung: gewöhnlich wachsen kräftige Bäume heran. Manche Sorten wie 'Bijou' haben einen eher schlank-aufragenden Wuchs, andere sind eher breit wie 'Lara'. 'Fernor' mit dem schlankeren Wuchs wird nicht ganz so mächtig und passt auch dorthin, wo der Platz beschränkt ist.

Mitte September bis Ende Oktober: Man erntet die Nüsse, wenn sie mit ihren Samenhüllen zu Boden fallen. Durch regelmäßiges Auflesen verhindert man, dass die Nüsse zu lange auf dem Boden liegen und zu schimmeln beginnen (nach max. 2–3 Tagen). Nüsse sind sehr gut lagerfähig, wenn man sie schnell einsammelt, die grünen Schalen entfernt und dann zum Trocken auslegt.

November/Dezember: Alle 5 Jahre sollte man den Baum zur Pflege schneiden. Totes Holz und die unteren Ästen werden entfernt, damit der Baum Luft und Licht bekommt.

Lust auf Ungewöhnliches
SONNENWURZEL

Wissenschaftlicher Name: *Helianthus strumosus*
Familie: Asteraceae
Kategorie: Staudengemüse mit Sprossknollen
Volksname: Kropfige Sonnenblume, Sonnenwurzel
Herkunft: Nordamerika
Bedingungen: Sonne, gut bereiteter, durchschnittlich gedüngter Boden
Ertrag: ein gutes Kilogramm pro Pflanze

Die Sonnenwurzel-Ernte läuft von November bis März, bevor die in der Erde übersehenen Knollen im Frühling von Neuem Wurzeln und Stängel austreiben.

Das Perma +

Die Sonnenwurzel liefert durch ihre Grünmasse gleichzeitig Sichtschutz und Mulch, dazu kommen über eine lange Erntezeit hinweg reichlich Sprossknollen, die man auch weiterschenken kann.

Sonnenwurzel-Anbau

Topinambur (Knollen-Sonnenblume) und Sonnenwurzel (Kropfige Sonnenblume) sind botanisch eng verwandt. Sie unterscheiden sich nur durch ihre Knollen. Die der Sonnenwurzeln sind mit der Pflanze an der Basis durch sehr feine, lange Wurzeln verbunden. Glatter und daher leichter zu schälen, sind sie geschmacklich mit ihrem Artischockenaroma feiner als Topinambur.

März/April: Pflanzen Sie die Knollen 15 cm tief und im Abstand von 50 cm ein. Wählen Sie dazu eher den Rand des Gemüsegartens, um z. B. den Salat zu beschatten. Die Pflanze wird rasch bis zu 2 m hoch.

Mai bis August: Häufeln Sie die Stauden zweimal gut an, um die Stabilität des Stängels zu verstärken. Gießen ist nicht nötig, nur bei extremer Trockenheit. Im Sommer blüht die Pflanze mit schönen, leuchtend gelben Blüten.

November bis März: Ernten Sie die fleischigen Knollen nach und nach bei Bedarf. Sonnenwurzeln lassen sich als Gratin, als Suppe oder gebraten zubereiten. Wie bei Topinambur sollte man aber nur kleine Mengen (und am besten zusammen mit anderen Gemüsen) verzehren. Die Knolle ist reich an Inulin, was unser Körper nicht verdauen kann. Wird Inulin dem Licht und Sauerstoff ausgesetzt, ist es noch schlechter verdaulich. Man sollte daher nur frisch geerntete Knollen essen.

Für die Gemeinschaft
Stimmen Sie sich mit unmittelbaren Nachbarn ab, Obstbäume zu setzen, die einander befruchten. In kleinen Gärten erreichen Sie damit eine größere Auswahl an Arten und Sie sind nicht auf wenige selbstfruchtbare Sorten angewiesen, zudem haben Sie noch Platz für andere Kulturen.

Und wenn ...
ICH MEHRJÄHRIGE GEMÜSE PFLANZE?

Riesen-Knoblauch (Elefanten-Knoblauch).

Mehrjährige Gemüse, in gemischtem Anbau mit einjährigen, sind eine der Säulen der Permakultur-Gärten. Sie werden für einen langen Zeitraum gesetzt und sind ertragreich, ihr Boden wird nicht umgegraben. Dazu kommen noch weitere Vorzüge.

- Sie tragen zur Vielfalt bei und damit zur Widerstandskraft des Ökosystems.
- Sie sind robuster als die Einjährigen, produzieren mehr Alkaloide, Terpenoide und Polyphenole. Diese Moleküle wirken als olfaktorisches Lockmittel oder zur Vergrämung und als natürliches Insektizid.
- Sie benötigen nicht so viel Wasser und Pflege. Ihr Wurzelsystem ist besser entwickelt als das der Einjährigen und sie fördern Wasser und Nährstoffe aus tieferen Bodenschichten herauf. Viele ausdauernde Gemüse besitzen Speicherorgane (Zwiebeln, Rhizome, Speicherknollen), in denen sie Wasser und Nährstoffe für Zeiten des Mangels speichern können. Dazu gehören Bärlauch, Knoblauch, Zwiebel, Knolliger Sauerklee (Oka, Yam).
- Manche Arten kann man ganzjährig ernten (Doppelsame, Schnittknoblauch, Kleiner Wiesenknopf (Pimpinelle) und mehr).
- Im Gewächshaus oder Haus kann man auch Chicorée und Löwenzahn treiben, Veilchen, Knoblauchsrauke oder Melde (*Atriplex halimus*).

Man muss aber wissen, dass ein ausschließlich mit mehrjährigen Gemüsen bestellter Garten unrealistisch ist.

- Manche Arten wuchern. Eine kleine, im Boden vergessene Topinamburknolle erstickt innerhalb von 2 Jahren alle benachbarten Pflanzen.
- Kinder mögen den Geschmack meistens nicht, weil er zu intensiv und nahe an der Wildpflanze ist.
- Es ist unmöglich, die einmal gesetzten Gemüse umzupflanzen. Der Gute Heinrich gedeiht 10 Jahre lang an derselben Stelle. Verabschieden muss man sich auch von der Vielfalt: keine Radieschen mehr im April, kein Salat im Mai und keine Tomaten im Juli.
- Manche Arten blockieren den Boden lange Zeit, bevor sie einen Ertrag bringen. Bei der Amerikanischen Erdbirne dauert es 2–3 Jahre.
- Die meisten sind eher im Frühling produktiv, im Sommer machen sie eine Pause (Ruhephase)!

Bauen Sie einige mehrjährige Gemüse dort an, wo die Bodenverhältnisse schwierig sind. Lauch gedeiht auf steinigen Böden, Brunnenkresse in den feuchten Bereichen des Gartens. Nehmen Sie sich der Zierstauden an, darunter Taglilien, Knollige Kapuzinerkresse, Schmalblättriges Weidenröschen, Glockenblume.

Wussten Sie ...?
Dass es einen mehrjährigen Lauch gibt? Man bekommt ihn nur schwer im Handel. Dabei handelt es sich um eine Varietät vom Acker-Knoblauch (*Allium ampeloprasum*), die unter dem Namen Riesen-Knoblauch oder Elefanten-Knoblauch geführt wird. Botanisch ist dieser Riesen-Knoblauch mit dem Porree eng verwandt, der Geschmack gleicht jedoch dem Knoblauch. Optisch ähnelt er dem Knoblauch. Man pflanzt ihn etwas später als letzteren (Oktober bis März) und erntet ihn von Juni bis August in der Porree-Form oder etwas später in der Knoblauch-Optik. Ist das nicht praktisch?

Neun gute, mehrjährige Gemüse

Acker-Knoblauch (*Allium ampeloprasum*). Widerstandsfähig gegen Lauchfliegen und extreme Kälte. Im September bis November pflanzen, ab Spätwinter bis in den Sommer ernten. Treibt im Herbst erneut aus und ist dann im kommenden Frühling wieder erntefähig.

Guter Heinrich (*Chenopodium bonus-henricus*). Für Quiche- und Pasteten-Zubereitung ebenso gut wie Spinat, dazu aber anspruchslos in der Pflege.

Stauden- oder Strauchkohl (*Brassica oleracea* var. *ramosa*). Einst ein reiner Futterkohl, ist er heute in der Küche sehr geschätzt. Die jungen Blatttriebe werden roh oder gekocht verzehrt, bei Bedarf ernten.

Liebstöckel (*Levisticum officinale*). Ein erstaunliches Sellerieаroma. Eine Staude genügt. Man schneidet die Blätter nach Bedarf von März bis November ab.

Yacon (*Smallanthus sonchifolius*). Reichlich Knollen. Man beachte, dass die imposante Pflanze viel Platz braucht.

Doppelsame (*Diplotaxis tenuifolia*). Ihr pikanter, warmer und leicht scharfer Geschmack erinnert etwas an die Rauke (*Eruca sativa*) aus dem Erwerbsanbau, ist aber intensiver.

Bärlauch (*Allium ursinum*). Wächst im Schatten und Halbschatten auf frischen, eher schweren Böden, die humusreich sind. Bildet mit der Zeit einen bodendeckenden Teppich.

Artischocke (*Cynara scolymus*). Die Blüten locken Hunderte von Bestäubern an. 3 Jahre alte Pflanzen müssen nach der Ernte durch junge Wurzelaustriebe ersetzt werden.

Rhabarber (*Rheum rhabarbarum*). Eine Rhabarberwurzel lebt jahrelang, man sollte sie aber alle 4–5 Jahre im März oder im Herbst teilen, damit die Pflanzen schön kräftig bleiben.

Wie gewinnt und speichert man Energie?

Energie gewinnen und speichern ist das zweite der zwölf Grundprinzipien der Permakultur, die David Holmgren als einer der Gründer der Bewegung in den 1970er-Jahren formulierte. Es gibt tausend Wege, um die Sonnenenergie einzufangen und in Produktivität umzuwandeln. Sehen Sie hier eine Auswahl.

Spalier an Hauswänden

Vorteile: Man nutzt die vom Haus gespeicherten Kalorien, um kälteempfindliche Früchte anzubauen, z. B. Feijoa, Feige, Aprikose oder Mandel.
Nachteile: Die Pflanzen müssen alljährlich zurückgeschnitten und angebunden werden. Die Erde in Mauernähe ist selten gut. Man muss die Erde vor dem Pflanzen austauschen. Man muss oft gießen, weil der Bereich unter dem Dachüberstand trockener ist als der restliche Garten.

Beet mit Glasabdeckung

Vorteile: Man kann darin früher aussäen, die Pflanzen abhärten, Ableger zwischenlagern und Kräuter überwintern. Es lässt sich mit geringem Kostenaufwand durch ein altes Glasfenster vom Sperrmüll in Kombination mit Strohballen anlegen, die danach als Streuung im Gemüsegarten genutzt werden.
Nachteile: Man muss an regelmäßiges Öffnen zum Belüften denken, sonst faulen die Pflanzen aufgrund der Kondensationsfeuchte.

Tomaten gedeihen sehr gut im Gewächshaus. Sie schätzen es, wenn es nachts immer gut über 10 °C hat.

Ein zentraler Gang macht das Arbeiten im Gewächshaus sehr angenehm.

Kleingewächshaus

Vorteile: Das Kleingewächshaus kostet nicht viel und lässt sich leicht auf- und abbauen. Man kann die Aussaat vorziehen und Pflanzen anbauen, die Wärme lieben (Chayote, Süßkartoffeln usw.), Stecklinge und pikierte Pflänzchen zeitweise hier abstellen, Kräuter überwintern, damit man sie länger genießen kann. Man verlängert also in bedeutendem Maße die Produktionssaison.

Nachteile: Man muss für die tägliche Belüftung sorgen, weil das Volumen nicht besonders groß ist und rasch überhitzt. Dieser Typ Gewächshaus taugt nicht bei Sturm. Daher sollte man es in einer geschützten Gartenecke an etwas anbauen und gut am Boden verankern.

Eine hochwertige Pflanzglocke besitzt eine Befestigungsmöglichkeit (Erdnägel) und eine regulierbare Belüftung, damit die Pflanzen nicht in der Kondensationsfeuchte verfaulen.

Sammeln Sie Plastikflaschen, um daraus individuelle Gewächshäuschen für einzelne Pflanzen zu machen.

Individuelle Pflanzglocken

Vorteile: Man kann die Pflanzen punktuell schützen, die Glocken sind gut zu handhaben und je nach Bedarf verstellbar.
Nachteile: Es handelt sich um eine punktuelle Lösung, geeignet nur für Jungpflanzen von Salat, Gemüsepaprika, Aubergine, Tomate usw.

Ein neuer Blick auf die Energie

Für unsere Vorfahren war die Speicherung von Energie zum Leben (Nahrung und Tierfutter) bis in das nächste Frühjahr der Grund all ihrer Bemühungen. Das ist noch gar nicht so lange her. Die Energie musste bis zum Beginn der Produktion in der Folgesaison (Mai/Juni, oder in den Bergen im Juli) ausreichen. Sie steckte in Getreidekörnern, Saaten, Trockenfrüchten, gelagertem Gemüse und Obst, Konserven aller Arten und auch im Holz. Seit den 1950er/60er-Jahren hat sich das auf dem Land nach und nach verloren. Die Permakultur fordert uns dazu auf, diese Einstellung zu Energieressourcen wieder in den Fokus zu nehmen. Ernten zu konservieren und Sonnenenergie zu gewinnen sind Grundvoraussetzungen der Permakultur. In beiden Fällen sind die Mittel und Wege vielseitig, kleinformatig, leicht zu nutzen, kostengünstig und nachhaltig.

Beete mit Stützwand

Man legt ein Beet mit einem Gefälle von 25–30 % mit dem Rücken zu einer Mauer an, die nach Süden ausgerichtet ist. Die zusätzlichen Kalorien gewinnt man durch die Ausrichtung nach Süden, die Erhöhung (mit „Stützwänden“) und das Lockern der Erde. Je lockerer das Substrat, desto schneller erwärmt es sich. Verteilen Sie eine 2 cm dicke Schicht tiefschwarzer Pflanzenerde obenauf, um noch einige Grad Wärme zu gewinnen.

Vorteile: Man kann Frühgemüse zu Beginn oder am Ende des Winters produzieren (Zwiebeln, Blumenkohl, Salat, Möhren, Perlzwiebeln).
Nachteile: Man muss Material zum Bau der Stützwände herbeischaffen.

Folien: besser nicht ...

Schwarze Plastikfolien passen nicht einmal theoretisch in die Welt der Permakultur, weil sie nicht aus langlebigem Material hergestellt sind. Es ist aber wahr, dass sie einige Kalorien an Energie einfangen und den Boden erwärmen. Sie helfen auch bei der Unkrautvernichtung, wenn sie einige Monate liegen. Alles ist jedoch Ansichtssache: Man kann wunderbar ohne Folie auskommen, wenn man es nur möchte.

Energiepaket Getreide

Die Bedeutung von Getreide in der heutigen Ernährung ist kein Zufall. Getreidekörner haben die Energie aufgenommen und gespeichert, die für die künftigen Pflanzen zum Keimen benötigt wird. Die Menschheit hat verstanden, wie wichtig diese Energiereserve ist und bedient sich ihrer, um die „Körnergesellschaft“ zu etablieren. Nichts hindert uns aber daran, uns vom klassischen Duo Weizen und Mais zu lösen. Dinkel, Linsen, Roggen und Hafer verdienen es, probiert zu werden.

OKTOBER

Im Oktober ziehen wir Bilanz: Fast alle Gemüse sind geerntet und man hat eine gute Vorstellung vom Ertrag des Gemüsegartens in der vergangenen Saison. Man kann nun auch die Erfolge und Fehlschläge beurteilen, die aufgetretenen Probleme, die möglichen Verbesserungen und kleinen Veränderungen, die nötig sein dürften. Wenn man den Grundgedanken der australischen Permakultur-Vorreiter folgt, dann ist klar, dass man bei den Veränderungen erfinderisch sein muss. Es ist also der Zeitpunkt gekommen, sich neu aufzustellen und zu sehen, ob man das Konzept der Permakultur verbessern und voranbringen kann.

ARBEITEN IM GEMÜSEGARTEN

Pflanzen

- Noch ist Zeit für Frühlingskohl, Wintersalat und weiße Zwiebeln (als Wintersteckzwiebeln).
- Pflanzen Sie Knoblauch, sofern sie einen gut durchlässigen Boden haben. Andernfalls warten Sie bis zum Frühling.

Noch schnell ernten

- Falls noch nicht geschehen, schneidet man die Bohnenpflanzen ab, sobald die Blätter fast völlig abgefallen sind, und hängt die Bündel kopfüber in die Garage. Sobald alles gut getrocknet ist, die Hülsen öffnen und die Bohnen in Papiertüten abfüllen.
- Kürbisse hereinholen, ohne die Haut zu verletzen.
- Die letzten Zucchini vor dem Frost ernten.
- Man pflanzt Basilikum und Petersilie zum Hereinholen in Töpfe um, damit man länger davon ernten kann.
- Möhren ernten, einen Tag lang auf der Erde zum Abtrocknen liegenlassen. Danach in Sand, einem Silo oder kühlen Keller kühl und dunkel lagern. Regelmäßig den Zustand der Ernte überprüfen.

Die Ernte vorbereiten

- Bleichen Sie die Artischocken, Chicorée, Frisée-Salat und Endivien, damit die Blätter nicht so bitter und hart sind. Binden Sie dazu die Blätter zusammen oder stülpen Sie lichtundurchlässige Behälter darüber.
- Packen Sie den Lauch in eine Miete. Dazu hebt man einen 30 cm tiefen Graben aus, schichtet den gesamten Lauch hinein, bedeckt alles mit Erde und abschließend mit trockenem Laub.
- Wenn Sie die Möhren im Beet belassen, bringen Sie eine dicke Schicht Farn oder Stroh darüber aus, damit der Boden nicht gefriert.
- Lassen Sie die letzten Tomaten auf der Fensterbank reifen. Anders als gedacht, werden sie auch ohne Sonne sehr schmackhaft, sobald sie rot sind!

Saubermachen

- Räumen Sie den Gemüsegarten auf. Abfall aus den Beeten und Unkraut einsammeln, holzige Triebe und Kohlstrünke kleinhäckseln oder einfach mit dem Rasenmäher darüberfahren. Alles auf dem Komposthaufen entsorgen.

Man wäscht die Möhren vor dem Einlagern nicht ab, weil schützenden Bakterien darauf leben.

Nicht sicher, ob sich Samenkäfer in die Bohnen gebohrt haben? Legen Sie die Samen für 24 h in den Tiefkühlschrank.

Tipp
Verhindern Sie das Auskeimen der Kartoffeln, indem Sie einige Duftbeutel mit ätherischem Minzöl daneben lagern (im Gartenfachhandel erhältlich). Der Duft des Minzöls begrenzt die Zellteilung beim Keimen.

Vorsicht, wenn Sie den Kalkanstrich selbst mit Ätzkalk (gebranntem Kalk) herstellen. Verwenden Sie einen Metalleimer, Plastik zersetzt sich!

Pro und Kontra

BÄUME WEISSEN

Ein weißer Anstrich des Stammes bis zu den ersten verholzten Ästen der Obstbäume zur „Entseuchung" ist uralte Gartenpraxis der Bauern. Es gibt Dutzende Rezepte für den Kalkanstrich, manche werden im Handel angeboten, andere sind Hausrezepte. Lässt sich der Anstrich mit der Permakultur vereinbaren?

Pro

- Der Kalkanstrich mit oder ohne Kupfer tötet die Larven von Insekten und Sporen von Pilzen, die sich in den Ritzen der Rinde eingenistet haben, außerdem Moose sowie Flechten. Er wirkt gegen Kräuselkrankheit, Moniliose oder Fleckenkrankheit.
- Ein Kalkanstrich schützt junge Bäume vor Sonnenbrand und sogar vor der zu raschen Erwärmung, wenn im Winter Frost und frostfreie Phasen wechseln.
- Der Anstrich war früher im Obstanbau und in Zuchten weithin üblich, um die Bäume zu behandeln, aber auch um Ställe und Unterstände von Tieren zu desinfizieren.

Kontra

- Der Kalkanstrich tötet wahllos alles ab, selbst die in den Furchen versteckten Nützlinge, z. B. Marienkäfer.
- Moose und Flechten haben noch nie zum Absterben eines Baums geführt. Sie tragen zur Vielfalt bei. Flechten sind sogar ein Indikator für gute Luftqualität.
- Der Kalkanstrich ist teuer.

Der Kompromiss

Lassen Sie den Kalkanstrich weg, es sei denn ein Baum ist stark von Läusen und Schildläusen befallen. Für junge Bäume mit empfindlicher, glatter Rinde verwenden Sie ein Hausmittel: Gegen Sonnenbrand ein Gemisch aus Lehm und Kuhfladen, oder Kuhfladen + Basalt und Dolomitmehl (für zusätzliche Mineralien und Spurenelemente) + Silikatstaub zum Zerstören der Eier, Larven oder adulten Schädlinge + Schachtelhalmextrakt zur Stärkung der Widerstandskräfte gegen Krankheiten + Molke zum Anhaften der Mischung.

Kalkanstrich bei starkem Befall

- Anstrich im Februar, alle 2 Jahre erneuern.
- Vor dem Anstrich den Stamm und die untersten verholzten Äste gründlich abbürsten, damit die Moose, Flechten, abgestorbenen und befallenen Partien entfernt sind.
- An einem trockenen, windstillen Tag das Baumweiß mit einem großen Flachpinsel auftragen.
- Schützen Sie sich, denn Kalk ist ätzend. Tragen Sie Handschuhe, langärmlige Kleidung und Schutzbrille.
- Bringen Sie den zweiten Anstrich vor der völligen Trocknung des ersten aus.

Die Pflanze und ihr Insekt

BESENHEIDE ALS HILFE FÜR DIE BIENEN

Sicher haben Sie die Besenheide (*Calluna* spec.) im Spätsommer schon in den Gartenmärkten bemerkt. Sie sollten nicht zögern einige Töpfe zu kaufen. Besenheide steht erst im Spätsommer und Herbst in voller Blüte, zu einem Zeitpunkt, da es für die Bienen kritisch wird. Sie müssen noch Vorräte für den Winter sammeln, während die meisten nektarreichen Blüten schon nichts mehr hergeben. Der Pollen der Besenheide, erkennbar an seiner weißen oder hellgrauen Farbe, ist sehr nützlich zur späten Aufzucht der Bienenbrut. Nektar liefert die Besenheide mit 0,15–0,58 mg pro Blüte und Tag nicht besonders viel, doch der Zuckergehalt des Nektars ist mit 23–54 % sehr hoch.

Die Pflanzen aus dem Handel stehen gewöhnlich in einem torfhaltigen Substrat, das nach Austrocknung nun sehr schlecht in der Erde oder im Topf wieder zu befeuchten ist. Ideal wäre es daher, den ganzen Topf für 30 Minuten in einem Eimer Wasser zu tauchen, danach den Plastiktopf zu entsorgen, die Wurzeln etwas zu lockern und dann ins Freiland auszupflanzen. Der Boden sollte nicht kalkhaltig, mindestens neutral sein und viel gare Laubkompost-Erde enthalten. Wenn Sie einen trockenen Ballen in feuchte Erde auspflanzen und dann reichlich gießen, läuft das Wasser an den Seiten des Ballens ab, ohne die Wurzeln zu erreichen. Schließlich vertrocknet die Pflanze, ohne dass Sie etwas davon gehabt hätten.

Die Pollen- und Nektarernte an der Besenheide hängt stark von den Witterungsbedingungen ab. Milde Temperaturen und etwas höhere Luftfeuchtigkeit sind nötig, dass der Nektar fließt. Die günstigen Tage sind daher nicht besonders zahlreich, was die Seltenheit von Heidehonig erklärt.

Kiwifrüchte reifen im Spätherbst. Kälte ist für sie kein Problem, Frost allerdings schon. Daher erntet man vor den ersten Frösten.

ARBEITEN IM OBSTGARTEN

Ein ordentliches Plätzchen

- Graben Sie die wuchernden Ausläufer der Himbeersträucher aus und pflanzen Sie sie an anderer Stelle.
- Zum Monatsanfang kappen Sie die Äste der Feigen, die gefruchtet haben, oberhalb eines Stammtriebs.

Ins Trockene bringen

- Sammeln Sie herabgefallene Nüsse, entfernen Sie die Reste der Hüllen, bürsten Sie die Nüsse ab und lassen Sie sie mindestens 2 Wochen in dünnen Lagen abtrocknen, bevor sie dann trocken gelagert werden.
- Sammeln und pflücken Sie weiterhin Äpfel. Die beschädigten Früchte zuerst verzehren, die anderen kühl und trocken in Steigen nebeneinander lagern.
- Pflücken Sie die ersten Kiwifrüchte und lassen Sie sie in der Nähe der Äpfel reifen. Das von den Äpfeln abgegebene Ethylen beschleunigt die Kiwi-Reifung.

Hilfestellung

Behandeln Sie alle Beerenobststräucher mit Schachtelhalmbrühe in 10 %iger Verdünnung, um Graufäule (*Botrytis*) und Rost zu minimieren. Wichtig ist die Zugabe eines Zusatzstoffs, der die Anhaftung und Verteilung auf der Oberfläche verbessert, was das Spritzmittel wirkungsvoller macht: Schmierseife, Pflanzenöl oder Milch.

Um das vorzeitige Austrocknen der Äpfel zu verhindern, lagert man die Früchte am besten auf einer Schicht gut getrockneten, sauberen Laubs.

In der Kompostecke

IM OKTOBER NACHSEHEN, OB DER KOMPOST GAR IST

Nicht jede Kompostierung läuft gleichschnell ab. Daher kann man keinen exakten Zeitpunkt dafür nennen, wann der Kompost gar ist. Es hängt von den Stoffen ab, die aufgesetzt wurden, von der relativen Zusammensetzung, vom Wassergehalt, dem Volumen des Haufens, von Ihrer Sorgfalt beim Aufschichten. Wenn Sie ein Meister des Kompostierens sind, haben sie nach 4 Monaten garen Kompost zur Hand. Wenn Sie die Natur ans Ruder lassen, rechnen Sie mit etwa 1 Jahr. Die folgenden Merkmale zeigen, ob der Kompost gar ist.

- Das Ausgangsmaterial ist nicht mehr erkennbar.
- Der Kompost erinnert an Waldboden, ist dunkel und krümelig und riecht nach Humus (wie im dichten Unterholz).
- Die unterste Lage, die am reifsten ist, enthält keine Kompostwürmer mehr. Man kann sie entnehmen.

Kompostentnahme

Je nach Komposter-Typ ist die Entnahme von garem Kompost unterschiedlich schwierig. Wenn Sie einen Haufen mit Rahmung aus Brettern haben, dann wären zwei davon günstig – ein leerer und ein voller. In den leeren Komposter schichten sie die obere Hälfte des unfertigen Komposts aus dem vollen Komposter. Die untere, gare Hälfte lässt man offen liegen und kann sie jederzeit entnehmen. Je nach Kompaktheit des Komposts verwendet man eine Gabel oder eine Schaufel. Wenn noch einige große, schlecht zersetzte Stücke zu finden sind, wirft man diese wieder auf den Komposthaufen. Sieben Sie den gewonnenen Kompost bei Entnahme.

Kennen Sie den Unterschied?

Wenn Sie im Kompost dicke, kurze, weiße Engerlinge finden, merzen Sie sie nicht gleich alle aus: Es könnte sich um die Larven des Goldglänzenden Rosenkäfers handeln, der aktiv an der Kompostherstellung beteiligt ist, und nicht um den lästigen Maikäfer.

Die Larven des Maikäfers haben einen dicken Kopf und einen kleinen Hinterleib.

Die Larven des Rosenkäfers haben einen kleinen Kopf und einen dicken Hinterleib, zudem kurze Beinchen und eine steife Behaarung.

1 Pflanze, 2 Funktionen

BIRKE: SPENDER VON BIRKENWASSER UND LEBENSRAUM

Ab Ende Februar bis zum Anschwellen der Knospen erntet man das Birkenwasser. Manche sagen auch „wenn die Frösche laichen und die Osterglocken blühen“. Bei der Knospenbildung trübt sich das Birkenwasser etwas ein. Der frische Saft der Birke ist sehr erfrischend, mit leicht säuerlichem Aroma. Es heißt, er habe revitalisierende, entwässernde und entzündungshemmende Eigenschaften.

Doch die Birke ist auch der Wirt für eine immense Zahl an Insekten. Man hat mehr als 140 Arten gezählt, die von der Birke abhängig sind. Die Birke spielt also eine bedeutende Rolle für den Erhalt der Insekten-Vielfalt. Es finden sich 4 Arten von Blutläusen regelmäßig auf den Birken, diese Läuse bieten den Larven der Marienkäfer reichlich Nahrung. Mehr als 50 Schmetterlingsarten entwickeln sich auch im Laub der Birke. Ihre Raupen sind das Glück der Meisen, Kleiber und Baumläufer.

Zur Ernte des Birkenwassers bohrt man in 1 m Höhe über dem Boden ein 3 cm tiefes, Loch in den Stamm. Einen Monat später muss man es mit einem Holzstift oder Narbenkitt wieder verschließen.

Grüne Proteine aus eigenem Anbau

BOCKSHORNKLEE

Wissenschaftlicher Name: *Trigonella foenum-graecum*
Familie: Fabaceae
Volksname: Bockshornklee, Ziegenhorn, Feine Grete, Filigrazie
Herkunft: Mittlerer Osten, Asien, Indien

Bedingungen: frischer, nährstoffreicher, durchlässiger Boden; wächst gut auf Kalkboden, nicht aber auf sauren Böden; bevorzugt vollsonnig
Ertrag: 3 kg pro 10 m^2 Fläche unter günstigen Anbaubedingungen

Ein zermahlener Samen gibt einen intensiven Geruch ab, den man von Suppenpulver, Karamell oder Aromapastillen kennt.

Zusammensetzung von 100 g Samen des Bockshornklees

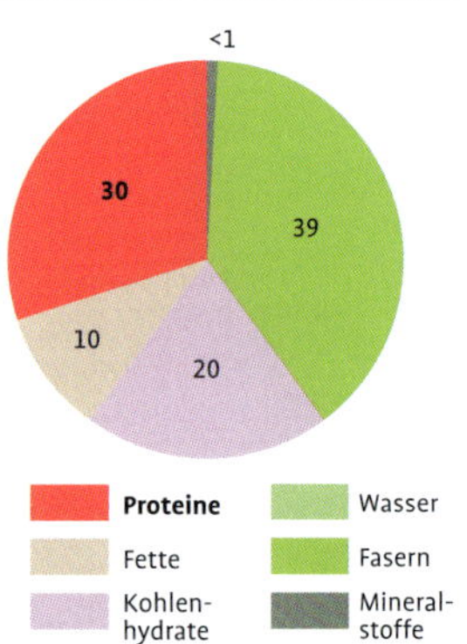

Wussten Sie...?

Seit 2015 gewinnt man aus Bockshornklee durch Zerstoßen der Samen eine Substanz, die man abgekürzt „Stifénia“ nennt. Dabei handelt es sich um ein natürliches Mittel zur Behandlung von Rebstöcken gegen Mehltau. Das Pulver aus den Samen stimuliert die Abwehr der Pflanzen.

Das Perma +

Bockshornklee ist leicht zu kultivieren und benötigt nur wenige Handgriffe. Er bindet Stickstoff im Boden und kann als Gründünger vor oder nach der Ernte der Samen eingesetzt werden. Die Samen regen die Verdauung an. Das Wurzelsystem mit Pfahlwurzel kann 1 m tief in den Boden reichen. Gießen ist nicht erforderlich. Mit Bockshornklee kann man trockene, für andere Kulturen untaugliche Böden aufwerten.

Bockshornklee-Anbau

Man baut den Bockshornklee in erster Linie wegen seiner Samen an, die geröstet und gemahlen als Gewürz Verwendung finden. In der Türkei und in Indien verzehrt man auch die frischen oder getrockneten Blätter als Gemüse. Man kann ihn auch als Sprossen essen.

Ab April, wenn frostfrei: Weichen Sie die Samen einen halben Tag lang in Wasser ein. Lockern und verfeinern Sie die Erde. Geben Sie ein wenig reifen, gesiebten Kompost hinzu. Rechen und flachdrücken. Säen Sie auf das Substrat und bedecken Sie die Samen dünn. Mit einem Brett oder einer Walze andrücken. Gießen und den Boden bis zum Auflaufen feucht halten.

Etwa im August: Die Ernte der Blätter beginnt etwa 40 Tage nach dem Aussäen. Die Samen erntet man nach etwa 15–20 Wochen. Zum Ernten der dunkelgelben, intensiv riechenden Hülsen schneidet man die ganze Pflanze ab. In der Sonne trocknen lassen. Schütteln Sie die Samen heraus und lagern Sie sie in Gläsern mit Deckel.

Szechuan-Pfeffer ist ein großer, dorniger Strauch, der ausgewachsen etwa 4–5 m hoch und 3–4 m breit wird.

Lust auf Ungewöhnliches
SZECHUAN-PFEFFER

Wissenschaftlicher Name: *Zanthoxylum piperitum*
Familie: Rutaceae
Kategorie: Strauch
Volksname: Szechuan-Pfeffer, Anispfeffer, Japanischer Pfeffer, Blütenpfeffer

Herkunft: Provinz Sichuan im Südwesten Chinas, aber in Sorten auch im nicht-tropischen Vietnam und Japan
Bedingungen: gewöhnlicher Boden; Sonne, trägt aber auch im Halbschatten
Ertrag: mehrere Liter Beeren pro Strauch

Das Perma +

Das Gewürz ist im Handel sehr teuer. Ein Strauch trägt genug Beeren, um die gesamte Familie und Freunde reichlich zu versorgen.

Szechuan-Pfeffer-Anbau

März: Wenn Sie irgendwo eine Pflanze finden, wäre nun der beste Pflanzzeitpunkt. Der ausgewachsene Strauch ist ausgesprochen stachelig und trägt sogar unter den Blättern Dornen. Man sollte darauf achten, ihn keinesfalls an einem Gartenweg zu setzen.

Ab April/Mai: Auf das Gießen achten, vor allem im ersten Jahr nach der Pflanzung.

Oktober: Man kann die Beeren ernten, sobald man die ersten schwarzen Samenkörner entdeckt, die ausfallen. Man verzehrt nicht die schwarzen Samen, da sie zu hart sind, sondern nutzt die braunen Hüllen als Pfeffer. Der Geschmack ist kräftig, feiner und komplexer als der des traditionellen Pfeffers, sehr aromatisch, frisch und hat etwas von Zitrone. Hat man den Szechuan-Pfeffer erst einmal gekostet, kehrt man nur schwerlich zum traditionellen grauen Pfeffer zurück. Die Ernte erfolgt am besten mit festen Gartenhandschuhen für die Rosenpflege und man nimmt immer 1 Handvoll. Das Verlesen danach dauert am längsten, weil Blätter, Stacheln, Blattstiele, Samen aussortiert werden müssen, damit nur die braunen Hüllen für den Vorratsschrank übrig bleiben. Die Ernte wird ausgebreitet und etwa 1 Woche lang im Warmen getrocknet.

Für die Gemeinschaft
Organisieren Sie mit Nachbarn und Freunden eine Tauschbörse für Saatgut. Füllen Sie die Samen in Tütchen ab, vermerken Sie darauf den Volksnamen und zur besseren Identifizierung den wissenschaftlichen Namen, das Erntedatum, Ihren eigenen Namen und einige Zusatzinformationen wie Geschmack oder Reifezeitpunkt. Ganz Sorgfältige können auch ein Foto der Blüten oder Gemüse machen, es ausdrucken und auf die Samentütchen kleben.

Und wenn ...
ICH MEHR ÜBERGANGSZONEN ANLEGE?

Wie bepflanzt man den Saum?
Setzen Sie Pflanzen, die für den Garten nützlich sind oder sogar Essbares liefern.
- Unter die erste Kategorie fallen, je nach verfügbarem Platz im Garten, die Pflanzen, die man zum Herstellen von Jauchen benötigt: Beinwell, Rainfarn, Adlerfarn usw.
- Zu den Essbaren gehören Wald-Erdbeeren, Bärlauch, Knoblauchsrauke, Veilchen, Himbeeren, Gartenbrombeeren, Blaue Heckenkirsche (*Lonicera kamtchatica*) usw.

Bei Permakultur-Anbau sind Übergangszonen wie Raine und Gehölzsäume wegen der größeren Artenvielfalt sehr willkommen. Biologen sprechen von Ökotonen, den Übergangszonen zwischen unterschiedlichen Ökosystemen. Bill Mollison, einer der Permakulturpioniere, schrieb dazu „wo verschiedene Arten, Klimabereiche, Böden, Geländestrukturen und natürliche oder künstlich angelegte Umgebung aufeinandertreffen, gibt es die Saumzonen. Sie verbinden als Übergangsbereich zwei unterschiedliche Milieus. Säume sind besonders artenreich und vielfältig. An diesen Kontaktstellen von zwei Ökosystemen steigert sich die Produktivität und man findet Arten, die außerhalb dieser Zone nicht vorkommen."
Mit anderen Worten, die Übergangszone zwischen zwei Ökosystemen bildet ein drittes, seinerseits komplexeres und reicheres System aus. Die Variationsbreite unterschiedlicher Faktoren wie Wasser, Boden, Licht, Temperatur bildet ein Mosaik an Lebensräumen für Fauna und Flora. In den Ökotonen gedeihen Arten aus verschiedenen Milieus und die Artenzusammensetzung ist spezifisch. Den Saum eines Waldes erkennt man leicht, wie verhält es sich hingegen im Garten? Auch dort können wir Räume der Biodiversität schaffen, was folgende Beispiele zeigen.
Als Saum vor hohen Bäumen pflanzt man Holunder, Haselnuss, Hartriegel. Zwischen Bäumen mittlerer Größe setzt man Japanische Zierquitten, Erlenblättrige Felsenbirne, Schwarze Johannisbeere, Rote Johannisbeere und Stachelbeere.
Legen Sie einen Teich oder ein Wasserbecken (s. Seite 88) **an:** Die Uferzone zwischen Wasser und festem Boden ist das Zuhause für Molche, Laubfrösche, Teichfrösche und Salamander. Achten Sie darauf, dass wenigstens ein Ufer flach verläuft, damit die Tiere ein- und aussteigen können. Bepflanzen Sie das Ufer mit heimischen, lokalen Pflanzen, damit die Fauna Schutz, Nahrung und Fortpflanzungsmöglichkeiten findet. Die feuchte, kaum unter Wasser liegende Uferzone bepflanzt man mit Iris, Schachtelhalm, Röhricht und Binsen. Am Rand von Becken setzt man z. B.Gilbweiderich, Braunwurz, Weiderich.
Am Rand des Rasens oder der Hecke legt man einen Teppich niedriger Pflanzen an, darunter Stauden oder Kleinsträucher. Lassen Sie vor der Hecke jedoch einen 50 cm breiten Durchgang frei, damit man sie leichter schneiden kann.
Zwischen Obstgarten und Garten legt man eine Blumenwiese oder eine Mischung von Himbeeren und Wildpflanzen an.
Zwischen Feuerholzstapeln oder Steinhaufen und dem Rasen kann man eine Übergangszone mit Wildkräutern anlegen.

Wenn der Sockelbereich dieses Holzstapels mit Stauden bepflanzt wäre, hätte man eine für die Artenvielfalt interessante Übergangszone geschaffen. Unter dem Stapel ist es kühl und düster, ein perfekter Unterschlupf für Kröten.

Der Rain des Obstgartens, die Zone zwischen licht stehenden Bäumen und dem Rest des Gartens, wird hier durch ein Beet mit Stauden und Einjährigen markiert. Die Pflanzen locken Bestäuber an.

Für die Artenvielfalt am Teich sind unterschiedliche Profile nötig: Form des Ufers, bepflanzte und freie Abschnitte, steile und flache Uferzonen. Je größer der Teich, desto vielfältiger die angelockte Tierwelt.

Ein Beet trennt das Gehölz vom Rasen: Diese Zone versammelt Merkmale beider Biotope. Es gibt bedeckte Flächen mit Sträuchern und groß gewachsenen Stauden, aber die Sonne erreicht trotzdem alle Bereiche.

Wie erspart man sich die Bodenbearbeitung?

„Sich die Bodenbearbeitung ersparen“ stimmt nicht ganz. Es bedeutet nur, dass man nicht mehr mit dem Spaten umgräbt, den Boden nicht mehr wendet (weil man die „fruchtbare Schicht“ nicht einfach wie Brunnenwasser heraufholen kann). Es heißt aber nicht, dass man gar nichts mehr tun müsste.

Im Herbst

1 Mähen Sie die vorgesehene Parzelle, die im folgenden Frühling kultiviert werden soll.

Der bearbeitete Boden muss geschützt, genährt, belüftet werden und gelegentlich sollte man die Bodendecke kontrollieren, damit die wüchsigsten Unkräuter nicht die Oberhand gewinnen. Im ersten Schritt probieren Sie „Null Bodenbearbeitung“ auf kleiner Fläche einmal aus. Sobald Sie das Ergebnis sehen, werden Sie sicher die unbearbeitete Fläche erweitern. Lesen Sie hier, wie man einen verkrauteten Boden für eine geplante Anbaufläche ohne Umgraben oder Motorpflug vorbereitet.

Pflanzen, die Unkraut fernhalten

Dazu zählen alle Pflanzen, die das Ansiedeln von Unkraut verhindern. Mit ihnen muss man den Boden dann nicht mehr bearbeiten. Es gibt zwei Gruppen:

- Dicht wachsende Arten, die das Keimen und Wachsen der angeflogenen Pflanzen mangels Licht, Wasser oder Nährstoffen verhindern. Dazu gehören Kartoffeln, viele mehrjährige Storchschnabelarten (u. a. *Geranium macrorrhizum*), Heiligenkraut und die meisten Elfenblumenarten.
- Pflanzen, die über ihr totes Laub eine keimhemmende Substanz an den Boden abgeben. Dazu gehören Zistrosen, Brandkraut, Beifuß und Thymian.

2 Graben Sie tief (pfahl-)wurzelnde Stauden mit dem Unkrautstecher aus, z. B. Löwenzahn, Kletten, Disteln, Wilde Möhre, Ampfer, Wegerich, Gänsedistel, Wilden Kerbel, Ferkelkraut, Bitterkraut.

3 Breiten Sie auf der gesamten Fläche braunen Pappkarton (ohne Aufkleber, Klebefolienreste oder Klammern) aus, darauf eine Schicht Laub und Kompost von mindestens 20 cm (oder mehr, wenn Sie ausreichend Material haben).

Im folgenden Frühling …
… sind die Pappkartons verschwunden – aufgefressen von der im Boden lebenden Mikrofauna, und die Gräser sind auch weg – im Dunkeln eingegangen. Sie müssen den Boden dann nur noch leicht mit der Grabegabel (Grelinette, s. u.) lockern, rechen, um größere Abfallreste zu entfernen, und dann ebnen. Sie können diesen Boden sofort bepflanzen.

Grelinette – Super-Werkzeug der Permakultur-Gärtner
Investieren Sie in die Anschaffung einer Doppel-Grabegabel mit 3, 4, 5 oder 6 angeschrägten Zinken und zwei Griffen. Damit lockert, belüftet und verbessert man den Boden, ohne ihn umzugraben und damit das Leben im Boden durcheinanderzubringen. Das Gerät ist unter verschiedenen Namen bekannt: Grabegabel, Doppel-Grabegabel, Bio-Gabel, Bio-Grabel, Öko-Spaten, Grelinette. Verwendet wird es folgendermaßen: Stellen Sie die Zinken auf den Boden, versenken Sie die Zinken mithilfe des Fußes tiefer, wackeln Sie mit beiden Armen in einer Vorwärts-rückwärts-Bewegung an den Griffen, der Rücken bleibt aufrecht und gerade. Gehen Sie einen Schritt rückwärts und ziehen Sie das Gerät wieder aus der Erde, ohne Substrat anzuheben und beginnen Sie von vorne. Rechen Sie die Fläche zum Einebnen ab und pflanzen Sie wie gewohnt. Dann gleichmäßig mit Stroh abdecken.

NOVEMBER

Der November ist die Zeit für Ernte und Lagerung der letzten Gemüse aus dem Garten. Permakultur lädt dazu ein, unsere Methoden der Vorratshaltung zu überdenken und vor allem die nachhaltigen Methoden zu nutzen. Auch wenn sterile Konservierung (Einkochen), Pasteurisierung oder Tiefkühlen einfach umzusetzen sind, gilt für diese Methoden, dass sie viel fossile Energien verbrauchen. Der Zeitpunkt ist gekommen, um das Dörren, die milchsaure Fermentation, die Konservierung durch Öl oder Zucker oder das Lagern in der Speisekammer, auf dem Speicher oder im Silo wieder „in“ werden zu lassen.

ARBEITEN IM GEMÜSEGARTEN

Immernoch ernten

- Ernten Sie die Wurzelpetersilie, Schwarzwurzeln, Yacon, Topinambur und Zuckerwurzel.
- Ernten Sie die späten Sorten des Blumenkohls.
- Ernten Sie die Blätter des Grünkohls nach einem Frost, dann sind sie zarter und aromatischer.
- Am Monatsanfang holen Sie alle Kürbisse – Speisekürbis, Hokkaido, Butternut – in die Vorratskammer.
- Bleichen Sie die Endivien und den Frisée-Salat unter undurchsichtigen Pflanzglocken.

Vorbereitung auf den Winter

- Cardy und Artischocken vor dem Frost schützen, indem man Stroh oder Laub um die Stöcke anhäuft.
- In der Erde belassene Gemüse wie Möhren, Lauch, Kohl, Rote Bete werden mit einer ordentlichen Lage Laub bedeckt, aber so, dass man sie noch gut ausmachen kann.
- Für eine leichtere Ernte eine Strohschicht an Feldsalat und Frisée verteilen.
- Kapstachelbeeren aus der Erde nehmen, zurückschneiden und die Wurzel zum Überwintern bis zum Frühling in einen Kübel setzen.
- In kühlen Gegenden um die Stängel von Rosmarin- und Thymian-Büschen Erde anhäufeln.

Noch zu pflanzen und zu säen

- Säen Sie Möhren unter Winterschutz.
- Treiben Sie Endivien vor. Dazu graben Sie die Wurzeln aus, schneiden sie ab. Dann stecken Sie sie aufrecht in Kisten mit einem Gemisch aus Erde und Sand, danach in den Keller stellen.
- Pikieren Sie die jungen Pflanzen des Frühjahrskohls (z. B. Wirsing) und die Wintersalatpflanzen. Achten Sie darauf, die Wurzeln nicht zu beschädigen.

Sauberhalten

- Entfernen Sie die Keimtriebe der Kartoffeln, damit sie nicht so schnell schrumpeln.
- Säubern Sie die Speiserüben und werfen Sie beschädigte Blätter auf den Kompost.

Wurzelpetersilie wird wie Möhren, Knollensellerie, Knollenkerbel oder Pastinaken zubereitet.

Chicorée ist eine Kulturform der Wegwarte (*Cichorium intybus*). Durch das Bleichen schmeckt er weniger bitter.

Mit einem Überwinterungsvlies gehen die Samen 10–15 Tage eher auf, was zu früherer Ernte führt. Man kann auch Teile der Saat unter Folie halten, um die Ernte zeitlich zu staffeln.

Pro und Kontra

ÜBERWINTERUNGSVLIES

Das Überwinterungsvlies, eine mit 30 g/m² stärkere Version der Bedeckung zum Vortreiben (17 g/m²), schützt Pflanzen vor der Kälte, sie verhindert, dass der Schnee sich auf den Pflanzen sammelt und schützt die frühe Blüte. Es handelt sich um ein luft-, wasser- und lichtdurchlässiges Vlies, das einen Treibhauseffekt erzeugt und damit im Winter einige wertvolle Grade in unmittelbarer Nähe der Pflanzen generiert.

Pro

- Es handelt sich um eine gute Wärmeisolierung, die die empfindlichsten Pflanzen schützt.
- Das Vlies ist licht- und luftdurchlässig und erlaubt den Pflanzen das Atmen, anders als Bläschenfolie, die undurchlässig ist und die Atmung der Pflanzen behindert.
- Die Luftdurchlässigkeit verhindert Kondensationsfeuchte.
- Es wiegt wenig, ist einfach zu handhaben und zu verstauen. Man kann es für alle Arten von Pflanzen einsetzen und es lässt sich ganz einfach mit der Schere in jeder x-beliebigen Größe zuschneiden.
- Es gibt nichts, was ebenso praktisch, leicht, lichtdurchlässig und wirkungsvoll wäre und nach einem Regenguss so schnell wieder trocknet.

Kontra

- Das gelegte Vlies ist aus Polypropylen hergestellt. Damit ist es ein Erdölprodukt und außerdem für die Abfallwirtschaft nicht wirklich recycelbar: Zu leicht und mit geringem verwertbarem Anteil, ist das Recycling nicht rentabel. Allerdings gibt es Recycling-Unternehmen, die vom Erwerbsanbau Materialien annehmen.
- Innerhalb von 2–3 Jahren zerbröselt das Vlies und man weiß nicht, wie es sich auf die Mikrofauna des Bodens auswirkt.

Der Kompromiss

Es ist zweifelhaft, ob es einen Kompromiss gibt. Entweder man verzichtet aus ethischen Gründen darauf, weil man keine oder wenige Erdölprodukte verbrauchen möchte, oder man nutzt Vlies, weil es tatsächlich sehr praktisch ist. Wenn man es ersetzen möchte, kommen alte Laken in Frage. Diese muss man nach einem Regen aber abnehmen und trocknen lassen, damit sich die Feuchtigkeit um die Pflanzen herum nicht staut. Man kann empfindliche Topfpflanzen auch in Stroh verpacken, dabei die Stämme gut einwickeln und sie von November bis April nahe an das Haus stellen. Für die Pflanzen in der Erde wäre nur eine dicke Lage Laub oder Farn als nachhaltige Alternative zu nennen.

Warum ist das Vlies weiß?

Ganz einfach: Eine dunkle Farbe absorbiert das Sonnenlicht anstatt es zu reflektieren und damit staut sich tagsüber die Hitze um die Pflanze. Die Pflanze passt ihren Stoffwechsel daran an, „denkt“, der Frühling sei nicht mehr weit, und beendet ihre Winterruhe. Heftiger Nachtfrost wäre dann für sie tödlich. Das weiße Vlies lässt außerdem ausreichend Licht zur Photosynthese hindurch.

Die Pflanze und ihr Vogel

EFEU UND ZAUNKÖNIG

Der Zaunkönig oder Schneekönig ist ein Vogel, den man selten zu Gesicht bekommt, weil er so unauffällig und winzig ist. Er wiegt nur wenige Gramm. Auf dem Boden erkennt man ihn an seinem hochgestellten Schwanz und kugelrunden braun-grauen Körper. Dass man ihn so wenig sieht, liegt nicht an Seltenheit, sondern daran, dass er sich versteckt. Er sucht das Futter auf dem Boden und beim geringsten Geräusch verschwindet er wie eine Maus im Gestrüpp. In die Höhe gewachsener Efeu sagt ihm besonders zu, weil es einen dichten und immergrünen Strauch bildet, in dessen Gewirr aus Zweigen er verschwinden kann. Außerdem ist die Pflanze eine gigantische Speisekammer für den Zaunkönig, denn im Efeu leben unterschiedlichste Insekten, ihre Larven sowie Spinnentiere. Auch Schmetterlinge wie Zitronenfalter, Tagpfauenauge und Admiral legen ihre Eier dort ab. Das verheißt leckere Raupen für den Zaunkönig. Die abgefallenen Efeublätter bilden zudem eine dichte Streu, unter der die Gliederfüßer (Insekten, Krebstiere, Spinnentiere usw.) gut gedeihen. Und sie zählen zur Leibspeise dieses ausschließlich Insekten fressenden Vogels. Er liebt Spalten, Gestrüpp, Holzhaufen, Hecken, Mauern, wo man ihn auf der Suche nach Nahrung umherhüpfen sieht.

Wissenschaftler fanden heraus, dass Efeu 1,7 Mal mehr Bestäuber anlockt als andere Pflanzen und dass 235 verschiedene Insektenarten darin leben. Nicht verwunderlich, dass der Zaunkönig hier auf seine Kosten kommt.

Die Frucht von *Elaeagnus × ebbingei* (Ölweide) ist sehr sauer. Vollreif ist ihr Geschmack akzeptabel und man kocht daraus Marmelade.

Die Taybeere ist eine Kreuzung aus Brombeere und Himbeere, leicht zu kultivieren aber nur mäßig winterhart.

ARBEITEN IM OBSTGARTEN

Vermehrung

- Absenker von Goji (Bocksdorn), Johannisbeeren und Gartenbrombeere.
- Aussaat der Kerne von Obstgehölzen und Walnuss als spätere Veredelungsunterlage.
- Vermehrung durch Stecklinge bei Beerenobst (Schwarze Johannisbeere, Himbeere, Rote Johannisbeere) und bei Esskastanie, Feige, Haselnuss und Wein.

November ... Pflanzzeit

- Wurzelnackte Obstbäume jetzt auspflanzen.
- Pflanzen Sie Wein einige Schritte entfernt von einem Obstbaum, z. B. einer Kirsche, als Grundstein für eine Gilde. Einige Schritte weiter setzen Sie eine Wintergrüne Ölweide (*Elaeagnus × ebbingei*) als Nistplatz für Vögel. Ölweide kann andere Pflanzen mit Stickstoff versorgen, da sie ihn durch Bakterien an ihren Wurzeln einfängt. Im März/April liefert der Strauch Beeren. Im Mai/Juni ernten Sie Kirschen und ab September dann Trauben.
- In milden Klimaregionen setzen Sie jetzt Mandelbäume, Jujube und Feijoa.

Zeit zum Schneiden

- Putzen Sie die Himbeeren aus, schneiden Sie Ruten, die getragen haben, zurück und entfernen Sie alle Ausläufer, die zu weit entfernt gewachsen sind.
- Lichten Sie die Walnuss vorsichtig aus, damit Luft in die Krone kommt.
- Schneiden Sie Feigenbäume.
- Schneiden Sie bei der Hasel die ältesten Äste heraus.
- Schneiden Sie die Kiwi zurück und nehmen Sie Stecklinge.

Kümmern Sie sich

- Geben Sie allen Obstbäumen eine Schaufel halbgaren Kompost, der sich über den Winter hinweg zersetzt.
- In kühlen Regionen sorgen Sie bei Feigen und Taybeeren für Winterschutz.

In der Kompostecke

IM NOVEMBER PFLANZENERDE AUS LAUB HERSTELLEN

Bis in die 1950er-Jahre gab es keine fertigen Säcke mit Pflanzenerde und Gärtner machten ein fabelhaftes Pflanzsubstrat aus Laub, das sich langsam über 2 Jahre hinweg auf dem Komposthau-

fen zersetzte. Eigentlich war diese Erde nur ein besonders feiner Kompost, den man mit feinem Gartenboden mischte, um darin zu säen und zu pikieren.
Heute hat Torf, gemischt mit anderen Bestandteilen, die Blätter ersetzt. Warum kann man die Herstellung der Pflanzenerde aus Laubkompost nicht wiederbeleben? Laubkompost ist mit einem pH-Wert leicht unter 6 etwas saurer als normaler Kompost. Gemischt mit Gartenerde ist er aber ideal für viele Gemüsearten. Allerdings eignen sich nicht alle Laubsorten zur Herstellung von Kompost, Laubkompost und Mulch. Krankes Laub sollte man entsorgen, damit die künftigen Kulturen nicht durch Sporen kontaminiert werden. Laub, das sich nur langsam zersetzt, sollte man weglassen. Dazu gehören Platane, Immergrüne Magnolie, Koniferen, Kirschlorbeer, Aukube, *Photinia*. Rechen Sie das geeignete Laub auf dem Rasen zu einem Haufen, fahren Sie mit dem Rasenmäher darüber. Werfen Sie es als Haufen in den Komposter, es muss Kontakt mit der Erdoberfläche haben, und lockern Sie es gelegentlich auf. Der Laubkompost wird nach 6 Monaten fertig sein, man kann ihn aber 2 Jahre reifen lassen.

Beschleunigung des Kompostierens
Geben Sie einige Handvoll Rasenschnitt, Brennnesselblätter oder Beinwell hinzu. Dies sind natürliche Kompostbeschleuniger. Zum Beimpfen mit Bakterien können Sie entweder etwas Hühnermist, etwas gelagerten Pferdemist, garen Kompost oder einfach Gartenerde hinzugeben.

1 Pflanze, 2 Funktionen

PHAZELIE: NEKTARSPENDER UND GRÜNDÜNGER

Phacelia (Büschelschön oder Phazelie) wurde zum Symbol für achtsamen Gartenbau: Die fotogenen blauen Blüten locken vom Frühling bis zum Spätsommer Bienen an. Als Gründünger lässt *Phacelia* die Wurzeln in die Tiefe wandern und lockert ihn damit. Die Aussaat ist einfach: breitwürfig ab März ausstreuen, man kann auch mehrfach bis Ende August säen. Trotz des hohen Saatgutpreises auf dichte Saat (1 g/m^2) achten. Die Pflanze wächst schnell und nach wenigen Wochen sieht man die blanke Parzelle nicht mehr. Die Blüte dauert einige Wochen an, was ein großes Glück für die Bienen ist. Im Vorbeifliegen bestäuben sie auch noch benachbarte Kulturen. Außerdem kommen Hummeln, Schwebfliegen, Laufkäfer, Wollschweber, Marienkäfer und parasitisch vom Apfelwickler lebende Hautflügler zum Nektar. Bei Imkern ist *Phacelia* beliebt, weil sie einen duftenden, dunklen Honig ergibt. Bei –10 °C erfriert die Pflanze, weshalb sie nur einjährig angebaut wird. Zudem ist die Pflanze interessant, weil sie die Eigenschaft besitzt, Unkrautwuchs zu verhindern und damit Flächen sauber zu halten.
Man kann den Samen mit Saatgutmischungen anderer Annuellen zur Anlage von Beeten oder Blumenwiesen mischen.

Wenn ausschließlich *Phacelia* eingesät ist, erhöht sich der Honigertrag und liegt bei 130–440 kg/ha. Steht das Büschelschön in einer Mischung mit anderen nektarreichen Pflanzen, so sind es nur etwa 30–150 kg/ha.

Grüne Proteine aus eigenem Anbau

DICKE BOHNEN

Wissenschaftlicher Name: *Vicia faba*
Familie: Fabaceae
Volksname: Dicke Bohne, Sau-Bohne, Acker-Bohne, Puff-Bohne
Herkunft: Eurasien und Mittelmeerbecken

Bedingungen: Sonne; frischer, tiefer Boden, Kalk-Lehmboden
Durchschnittlicher Ertrag: 5–10 Hülsen pro Pflanze

Man kann die Hülsen bei 2/3 ihrer endgültigen Länge ernten.

Das Perma +

Dicke Bohnen bringen Stickstoff in die Böden. Sie gehören zu den saisonal frühen Kulturen und schaffen Platz für eine Folgekultur in derselben Saison.

Zusammensetzung von 100 g gegarten Dicken Bohnen

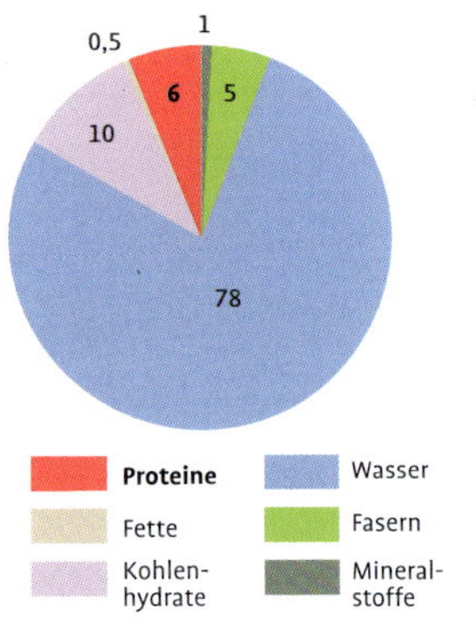

Anbau von Dicken Bohnen

Aussaat: In wintermilden Gegenden können Dicke Bohnen im November gesät werden. Besser wäre aber von Februar bis April. Säen Sie 15–25 Pflanzen pro m^2, 5 cm tief. Bei Saat in Reihen sollten die Kerne 10–15 cm Abstand haben und die Reihen 40–50 cm.
Begleiter: In der Nähe von Mais, Kartoffeln, Sellerie, Salat oder Artischocken säen. Zwischen den Reihen sollte man Dill zur Abschreckung von Läusen pflanzen. Zu Zwiebelgemüsen (Zwiebel, Knoblauch und Schalotten) muss Abstand gehalten werden, weil diese kein Stickstoffüberangebot mögen.
Ernte: 3–4 Monate nach der Saat.
Pflege: Anhäufeln, um die Pflanzen zu stabilisieren, wenn sie später vielleicht schwere Bohnen tragen. Zwischen den Reihen harken. Blattläuse, die sich an den Spitzen der Triebe ansiedeln, sind zwar hässlich anzusehen, wirken sich aber nicht auf den Ertrag aus. Sie sind ein willkommenes Futter für die Marienkäferlarven, die zeitgleich dorthin wandern.
Schnitt: Ist verzichtbar, aber man kann die Triebe zwischen dem 5. und 7. Blütenstand kappen, um die Größe und Qualität der Hülsen zu verbessern.

Geeignete Züchtungen

- Für die Aussaat im Frühling: 'Witkiem', 'Imperial Green Pod', 'Frühe Weißkeimige'
- Für die Aussaat im Oktober/November: 'Priamus', 'Hiverna'

Die Keimung dauert unterschiedlich lange. Kichererbsen, Mungbohnen und Linsen: 2 Tage; Bockshornklee: 3–5 Tage; Buchweizen: 2–4 Tage; Hafer: 4 Tage; Alfalfa, Brokkoli, Fenchel, Rote Bete: 5–7 Tage; Möhren, Zwiebeln, Koriander, Petersilie: 8–10 Tage.

Lust auf Abwechslung
SPROSSEN

Arten von Sprossen: Alfalfa (oder Luzerne), Bockshornklee, Buchweizen, Dicke Bohne, Erbsen, Fenchel, ungeschälte Gerste, Hafer, Hirse, Klee, Kohl, Kresse, Lauch, Lein, Linsen, Möhren, Mung-Bohnen, Petersilie, Radieschen, Rauke, Roggen, Rote Bete, Senf, Sellerie, Soja-Sprossen, Speiserübe, Spinat, Weizen, Zwiebel.
Herkunft: Die Menschheit verzehrt gekeimte Samen seit Anbeginn der Zeit. Spuren davon finden sich sogar im Johannes-Evangelium, wo Jesus in einer Parabel erwähnt, wie man Samen zum Keimen bringt, um damit Essener (Fladen) Brot zu backen.
Bedingungen: Licht, Feuchtigkeit und absolute Sauberkeit
Ertrag: mehrere Handvoll gekeimte Sprossen pro Woche pro Keimbehälter

Das Perma +
Eine vitaminreiche Kultur so nebenbei, die man das ganze Jahr hindurch betreiben kann, und dazu kann man das ungenutzte Saatgut verwenden. Sie sorgt für Grünes und Vitamine, wenn die frischen Vorräte im Spätwinter und zu Beginn des Frühlings zur Neige gehen.

Sprossen-Anbau
Der Anbau von Keimlingen ist ganzjährig möglich.
- Waschen Sie die Samen, spülen Sie sie mehrfach unter fließendem Wasser, verteilen Sie sie im Keimgerät bei Zimmertemperatur. Geben Sie bei jeder Anzucht nicht zu viele Samen hinein, damit die Luft noch gut zirkulieren kann.
- Spülen ist äußerst wichtig: Mindestens zwei Mal am Tag so lange Wasser über die Samen laufen lassen, bis es klar wird. Trennen Sie die Saaten auf, damit alle gespült werden. Bei Getreide kann sich die klebrige Stärke an den Wänden des Keimgerätes niederschlagen. Diese Stärke muss sorgfältig abgespült werden. Sind die Saaten sauber, befeuchten Sie sie gut.
- Lüften: Fehlende Belüftung ist ein gängiger Fehler, der zu Schimmelbildung führt. Halten Sie dazu den Behälter schräg auf 45° und achten Sie darauf, dass die Saaten nicht am Deckel kleben.
- Die Wurzeln müssen stets weiß sein. Eine bräunlich anlaufende Wurzel ist ein Zeichen für Oxidation. Nicht essen.

Für die Gemeinschaft
November ist die Hauptsaison für herabgefallenes Laub. Dann sieht man, wer in der Umgebung das Laub loswerden will, wer es als Bedeckung für die Blumenbeete oder den Gemüsegarten benötigt und wer sich an die Herstellung von Laubkompost wagt. Obendrein könnten Sie gemeinsam einen Ausflug zur Papierdeponie machen, um braune Pappkartons zu holen und zu recyceln. Auf dem Boden ausgebreitet und dann mit 30–40 cm Laub bedeckt können Sie damit Gräser und Kraut auf den Parzellen unterdrücken, die im nächsten Jahr kultiviert werden sollen.

Wie wäre es mit einem Unterschlupf für Tiere?

Jetzt geht es nicht um die Insekten, für deren Wohl man den Garten mit einem Hotel ausstattet, sondern um die Makrofauna, die ebenfalls ein Anrecht auf Wohnen und Wandern auf unserer Erde hat.

Efeu
Ein ausgewachsener Efeu ist das Zuhause von annähernd 700 lebenden Organismen! Ihr Ökosystem wird durch die Rinde des Baumes und die daran haftenden Efeutriebe gebildet und durch das dichte Blätterdach vor Witterungseinflüssen geschützt. Zu den häufig darin verborgenen Tieren gehören Steinmarder, Eichhörnchen, Haselmaus und Gartenschläfer, die darin viele Insektenarten und Schnecken finden. Manche Fledermausarten schätzen diesen von Insekten (Bienen, Hummeln, Schwebfliegen, Fliegen, Wespen, Schmetterlingen und Spinnen) wimmelnden Lebensraum ebenfalls. Vögel treiben sich darin herum, weil sie Nistmöglichkeiten und zugleich Deckung finden, darunter Amsel, Drossel (Wacholder- und Singdrossel), Grünfink, Ringeltaube, Turteltaube, Heckenbraunelle, Buchfink, Star, Waldkauz, Zaunkönig, Meise und Rotkehlchen.

Hohle Bäume
Der Marder versteckt sich oft in hohlen Bäumen. Seine Verstecke sind weitflächig verteilt und er zieht regelmäßig von einem zum anderen. Rotkehlchen und Zaunkönig (s. Seite 135) bauen ihre Moosnester gerne in Löchern abgestorbener Bäume. Man trifft aber auch Kleiber, Baumläufer und Kohlmeise an, die dort nach Spinnen und Larven suchen.

Igelunterschlupf
Ein solcher Unterschlupf sollte vor Wind, Sonne und Regen geschützt sein und an einer Mauer, unter einer Hecke, einem Verschlag oder Holzhaufen liegen. Bauen Sie ihn nicht zu klein, weil das Igelweibchen darin auch die Jungen aufzieht. Im Handel erhältliche Igelhäuser sind meistens zu klein. Eine mit Stroh ausgelegte Holzkiste, die man komplett mit Moos und Laub bedeckt, mit einer 12 × 12 cm großen Öffnung genügt.

Jedem Vogel seinen persönlichen Nistkasten
Der Durchmesser der Nistkastenöffnung bestimmt, welche Art sich darin ansiedeln wird. Ein 28 mm breites Loch eignet sich für Meisen (Blau-, Tannen-, Hauben-, Wald- und Sumpfmeise). Ein Einflugloch von 33 mm Durchmesser eignet sich für die größte aller Meisen, die Kohlmeise, aber auch für den Sperling (32–35 mm), den Rotschwanz (32–46 mm). Der Kleiber braucht ein Loch von 40–45 cm Durchmesser.

Steinhaufen
Die Mauereidechse legt ihr Zuhause in einem Steinhaufen an, wenn dieser in der Sonne platziert ist. Sie hilft Ihnen aktiv Spinnen, Heuschrecken, Raupen, Fliegen, Asseln und Nacktschnecken loszuwerden. Andere Tiere suchen den Haufen ebenfalls auf, wenn er groß genug ist. Dazu zählen Wiedehopf, Spitzmäuse oder Wiesel, eine echte Schutzpolizei gegen Nager.

Holzhaufen
Ein geschichteter Haufen Äste ist weit besser als einfach nur ein Klumpen Geäst! Viele Arten suchen darin Schutz vor Fressfeinden oder Unwetter, einen sicheren Unterschlupf für ihr Nest oder einen Platz zum Überwintern. Oft findet man einen Igel darin, der bis zum April zusammengerollt in einem kuscheligen Nest aus Moos und Laub Winterschlaf hält. Was Insekten angeht, so finden der unter Naturschutz stehende Hirschkäfer (*Lucanus cervus*) und der Alpenbock (*Rosalia alpina*) dort einen gedeckten Tisch für ihre Larven.

Teiche
Der Teich lockt Frösche, Kröten, Molche und Salamander an, zudem eine Menge Insekten und aquatische Weichtiere. Er ist außerdem Tränke für die Kleinlebewesen, Vögel und Insekten, z. B. Bienen. Siehe Praxistipps auf Seite 88.

Wie nutzt man unterschiedliche Mistsorten optimal?

Wie Kompost ist auch der Mist gleichzeitig Bodenverbesserer (gut für die Struktur des Bodens) und Dünger (bringt Nährstoffe ein). Beide, Kompost und Mist, sind erneuerbare Ressourcen, die man bei der Permakultur bevorzugt verwendet.

Mist ist eine frische oder zersetzte Mischung tierischer Exkremente in fester wie flüssiger Form (reich an Stickstoff, Spurenelementen) mit der Einstreu (Stroh oder ein anderer faserreicher und damit kohlenstoffreicher Stoff). Die Exkremente sorgen für Wachstum, die Fasern für Humusbildung. Es handelt sich also um einen schwach konzentrierten Dünger, der die Fruchtbarkeit des Bodens durch den Eintrag von Stickstoff, Phosphor, Kalium, Mineralien und Spurenelementen erhält. Die Wirkung geht aber noch weiter.

- **Humusähnliche Verbesserung:** Das organische Material führt während seiner Zersetzung dazu, dass Wasser und Nährstoffe im Boden gehalten werden.
- **Mikrobielle Beimpfung:** Aktivator für das Leben im Boden.
- Eine Studie* aus dem Jahr 2013 zeigte, dass alle ausgebrachten Mistsorten den Befall von Paprikapflanzen durch die Nematodenart *Meloidogyne javanica* verringert haben. Die Abbauprodukte (Phenole, Ammoniak und Wasserstoffionen) sind für diese Würmer hochgradig giftig.

Vorsichtsmaßnahme

Frischer Mist enthält Keime, die teils pathogen sind, darunter Salmonellen, Listerien, *E.-Coli*-Bakterien. Vermeiden Sie unbedingt, diese auf schon vorhandene Kulturen auszubringen. Daher ist eine Kompostierung zwingend notwendig. Die Temperatur dabei muss ausreichend ansteigen, um die Bakterien, Viren und Parasiten zu zerstören: mindestens auf 50 °C über einen Zeitraum von 6 Wochen. Danach sinkt sie wieder, doch die Kompostierung muss noch einige Monate weitergehen. Die meisten Keime werden in mehrwöchigem Kontakt mit Erde und Luft zerstört. Ideal wäre Mist aus biologischer Haltung, weil darin keine Medikamentenrückstände enthalten sind.

Anwendung

- Egal welchen Ursprungs, frischer tierischer Mist wird nie direkt ausgebracht, weil die im Urin enthaltene Harnsäure die Wurzeln „verbrennt". Im Herbst setzt man bei einer geringen angefallenen Menge den Mist auf einer Unterlage aus Laub in einer abgelegenen Gartenecke auf und bedeckt ihn mit Stroh. Ein Kniff: Vor dem Kompostieren mit Rasenschnitt, den Resten aus dem Gemüsegarten und dem gejäteten Kraut mischen. Dadurch gleicht sich das C/N-Verhältnis aus und eine gute Zersetzung kann erfolgen.
- Wenn er trocken ist, gießen, um die Kompostierung in Gang zu bringen. Türmen Sie Äste auf das Stroh, damit es nicht wegfliegt und lassen Sie den Kompostierungsprozess 6 Monate laufen.
- Währenddessen 3–4 Mal umschichten.
- Vor Beginn des Gemüseanbaus im Frühling eine 10 cm dicke Schicht auf den Beeten ausbringen, die Beete für Zwiebelgemüse aussparen. Dann mit verschiedenen ligninhaltigen Materialien, z. B. BRF (s. Seite 26) bedecken und darüber mit Stroh mulchen. Lassen Sie die Mirkofauna im Boden für sich arbeiten.
- Heben Sie etwas zum Mulchen der stark zehrenden Tomaten, Melonen, Gurken und Kürbisse im Juni auf. Beim Pflanzen von Bäumen oder Sträuchern arbeiten Sie 20 % reifen Mist in die Erde des Pflanzlochs ein.

Die Mistsorten haben verschiedene Eigenschaften, weil sie das Ergebnis unterschiedlicher Nahrungszusammensetzungen sind, und auch die Einstreu ist von Tierart zu Tierart anders.

Mist ist nicht gleich Mist

Pferdemist (auch Esel, Maultier)

Dieser Mist ist reicher an Stroh als andere Mistsorten und sorgt für Humus im Boden. Günstig zum Lockern schwerer Böden und um sandige Böden zu verbessern. Reich an Kalium und Stickstoff, gibt er die Nährstoffe langsam an den Boden ab, wodurch ein exzellenter Düngeeffekt entsteht. Man kann den Mist auch für das Warmbeet verwenden, weil die Temperatur darin gut ansteigt.

Rindermist

Rindermist ist nicht überall leicht zu finden. Er ist reich an organischen Inhaltsstoffen und Kaltkompost. Die Zersetzung erfolgt sehr langsam und während des Prozesses steigt die Temperatur kaum an. Gut zur Verbesserung leichter Böden. Da er sich kaum erwärmt, eignet er sich nicht für das Warmbeet.

Schafmist (auch Ziegen)

Dieser Mist enthält eine Menge Dünger, darunter Kalium. Man verwendet ihn für karge oder schwere und lehmige Böden und baut danach Vielzehrer wie Kürbis, Aubergine oder Tomate darauf an.

Sonderfall Geflügelmist

Durch die Zusammensetzung aus Exkrementen, Federn und Stroh ist der Mist extrem reich an Stickstoff, Phosphat und Ammoniumsalzen, also qualitativ hochwertig. Die Federn enthalten etwa 11 % Stickstoff, was wichtig für die Aktivierung der Zersetzung von Pflanzenresten im Kompost ist. Um bei diesem hohen Stickstoffgehalt die Gefahr der Überdosierung zu verringern, sollte man Geflügelmist nur in den Gartenkompost untermischen. Man verwendet ihn dann für Blattgemüse, Salat, Spinat, Rote Bete und Kohl.

* Haougui et al., A. Appl Biosci. 2013. Effet de fumiers d'animaux sur le développement de *Meloidogyne javanica* et la croissance du poivron sous serre.

DEZEMBER

Sie haben ausgehoben, gepflanzt, gemulcht, zurückgeschnitten, gesät, pikiert, abgeschnitten, gejätet, vorgetrieben, herausgezogen, umhergetragen, gewässert, umgepflanzt, eingewickelt, ausgewickelt, eingegraben, ausgegraben. Und das Ergebnis ließ nicht auf sich warten. Bei der Permakultur ruht man mit wachem Auge. Man sieht den Garten wieder mit neuen Augen zur Vorbereitung der kommenden Pflanzsaison. Es gibt immer etwas zu verbessern oder rationeller zu gestalten, raffinierter oder leichter zu machen. Und das ist einer der großen Vorteile der Permakultur: Jedes Jahr könnte besser als das letzte werden.

ARBEITEN IM GEMÜSEGARTEN

Vorausschauen

Legen Sie ein Warmbeet (s. Seite 152) an oder bereiten Sie ein gut isoliertes Frühbeet vor, um in einigen Wochen die Erbsensorte 'Allerfrüheste Mai', die Kopfsalatsorten 'Appia' und 'Maikönig', Radieschen, Gartenkresse, Lauch wie 'Kulaures' und 'Hilari' oder kugelige Möhren 'Parmex' zu säen.

Sich dem Winter entgegenstellen

- Schützen Sie die Wintergemüse, sofern das noch nicht geschehen ist. Legen Sie Laub auf den Lauch und die Möhren, sofern diese in der Erde belassen werden.
- Artischocken anhäufeln.
- Legen Sie allabendlich Strohmatten auf die Frühbeete und vergessen Sie nicht, diese morgens wieder zu entfernen.
- Achten Sie darauf, dass keine Parzelle blank daliegt: Verteilen Sie einen organischen Mulch, ausgerissenes oder abgeschnittenes Gras, Kompost, garen Mist oder Stroh darüber.

Leichte Arbeiten

- Sammeln Sie alle Gartengeräte und das Material (Stützen, Etiketten, Netze, Stangen) ein, reinigen Sie alles (eine kleine Drahtbürste ist ideal für Eisen), desinfizieren Sie die Schneiden, schärfen Sie sie nötigenfalls.
- Verteilen Sie reifen Kompost um die Spargelpflanzen.
- Treiben Sie die Wurzeln von Endivien, Chicorée und Radicchio-Sorten wie 'Rouge de Trévise' (s. Seite 132). Bleichen Sie nach Bedarf Salatherzen.
- Denken Sie an das Belüften von Gewächshaus und Frühbeeten an warmen Wintertagen.
- Im Gewächshaus sollte man darauf achten, dass die Kondensationsfeuchte keine Krankheiten verursacht. Fleckige Blätter sofort entfernen.
- Achten Sie darauf, dass das Gemüse in Speisekammer, Silo oder Keller nicht verdirbt.
- Schmökern Sie in Saatgutkatalogen oder tauschen Sie Saaten mit den Nachbarn.

Bei besonders mildem Klima

- Säen Sie im Frühbeet schon Blumenkohl, Brokkoli und Kopfkohl für den Sommer.
- Häufeln Sie Dicke Bohnen an und decken Sie Winterschutz darüber.

Werfen Sie Samen, die länger als 4 Jahre herumliegen, nicht weg. Verstreuen Sie diese besser als Futter für die Fauna in einer ungestörten Gartenecke.

Um die Kondensation zu vermeiden, öffnen Sie beide Schmalseiten eines Gewächshauses. Eine Öffnung genügt nicht zum Entweichen der Feuchtigkeit.

Praxis-Tipp

Heben Sie die Holzasche des Kaminofens auf. Damit kann man die Apfelbäume gegen Schildläuse behandeln. Verstäuben Sie die Asche über die Äste, den Stamm und den Boden rings um den Stamm. Der Parasitenbefall verringert sich merklich.

Die Grabegabel (Grelinette), mit der man den Boden belüftet und lockert, ohne ihn umzugraben und die Schichten zu mischen, stellt den uralten Glauben der Landwirtschaft in Frage: dass das Pflügen notwendig sei.

Pro und Kontra

UMGRABEN

Nicht umgraben, Null-Bodenbearbeitung, Lockern, Belüften … das ist ein Dauerthema, das Gärtner immer wieder gegeneinander aufbringt.

Pro

- Das Umgraben lockert den Boden der Zuwege, wo man bei der Arbeit unzählige Male hin und her gelaufen ist. Es belüftet den Boden und macht lehmige Böden im Frühling krümelig.
- Es befördert die Ton-Humus-Partikel (s. Seite 149) sowie Mineralsalze nach oben, die durch das Wasser in tiefere Schichte abgesackt sind. Dadurch wird die Struktur des Bodens verbessert.
- Man kann dadurch das Unkraut besser kontrollieren.
- Bauern arbeiten seit Jahrtausenden auf diese Weise.
- Ohne Umgraben vermindert sich die Porosität des Bodens, er verdichtet.

Kontra

- Auf lange Sicht zerstört das Umgraben den Boden, weil ein Teil der Bodenlebewesen durch mechanische Einwirkung, Exposition für Fressfeinde, Trockenheit, Zerstörung der senkrechten Gänge großer Würmer getötet wird.
- Umgraben stört die Abfolge verschiedener Lagen im Boden. Nicht umgegrabener Boden mit organischem Material als Deckschicht ist kaum gestört und damit entstehen günstige Bedingungen für die Vielfalt der Lebewesen im Boden. Die Bodenlebewesen sorgen für das Recycling organischer Stoffe und deren Umwandlung in Humus. Gräbt man nicht um, so erhöht sich die Anzahl der Würmer um das Zwei- bis Siebenfache.
- Das Untergraben von organischem Material treibt die anaerobe (sauerstofflose) Zersetzung an, was den nützlichen Pilzen schadet. Sie sind alle aerob.
- Graben kostet Zeit und plagt den Rücken.
- Ein nackter Boden ist der Erosion ausgesetzt. Nicht umgegrabener, bedeckter Boden ist gegen die Erosion geschützt.

Der Kompromiss

Graben Sie nur sehr stark verdichteten oder sehr lehmigen Boden um. Bedecken Sie ihn dauerhaft mit organischem Material und probieren Sie in einer kleinen Ecke einmal den Verzicht aufs Umgraben. Bei anderen Böden verwenden Sie die Doppel-Grabegabel (Grelinette) zum Belüften und Lockern, ohne die verschiedenen Lagen des Bodens durcheinander zu bringen, dann mulchen. Als Regel gilt, auf die Arbeit mit Werkzeugen überall dort zugunsten der Lebewesen zu verzichten, wo es möglich ist.

Was heißt Porosität des Bodens?
Das ist das Volumen der Poren (Hohlräume) im Erdboden (in % vom Gesamtvolumen). Porosität ermöglicht die Weiterleitung von Wärme, Gasen, Wasser, was die Wurzelentwicklung der Pflanzen, die Fauna im Boden und die Versorgung der Kulturen begünstigt. Die Porosität des Bodens wird durch mechanische Arbeit, den Wechsel von Frost und Auftauen, Arbeit des Bodenlebens (Regenwürmer, Wurzeln) verbessert. Verdichtung, Wasserentnahme und Verschlämmung verringern die Porosität.

Außer dem Scheckenfalter profitieren auch andere Schmetterlinge von dieser Primel, darunter Gelbe Bandeule (*Noctua fimbriata*) und Hausmutter (*Noctua pronuba*). Ab Februar liefert die Primel auch Pollen und Nektar für die ersten ausfliegenden Bienen.

Die Pflanze und ihr Insekt

SCHLÜSSELBLUME UND FRÜHLINGSSCHECKENFALTER

Man braucht eigentlich kaum Gründe, diese wunderhübschen Frühlingsboten zu setzen: Hohe Schlüsselblume (*Primula elatior*), Echte Schlüsselblume (*P. veris*) oder Alpen-Aurikel (*P. auricula*). Wenn man aber einen Grund bräuchte, muss man nur wissen, dass die Schlüsselblumen die Wirtspflanze eines hübschen kleinen und recht seltenen Schmetterlings namens Frühlingsscheckenfalter (Schlüsselblumen-Würfelfalter oder Perlbinde, *Hamearis lucina*) sind. Er hat ein besonderes Merkmal, an dem man ihn unter allen orangefarbenen Schmetterlingen erkennen kann: Die Spitze seiner keulenförmigen Fühler hat einen farbigen Tupfer. Diese Falter fliegen von April bis Juni mit einer Spitze im Mai. Das Weibchen lässt sich zum Eierlegen auf einem Blatt nieder, wandert mit dem Hinterteil bis an die Kante und legt dann einzeln oder in kleinen Häufchen bis zu 50 Eier ab. Kaum geschlüpft, fressen die Larven an ihren Blätter vor Ort. Man sieht sie tagsüber von Mitte Mai bis Mitte August an den Unterseiten der Primelblätter. Die Puppen überwintern und schlüpfen im folgenden Frühling.

Da Trauben nur an den neuen Frühlingstrieben tragen, schneiden Sie die Jahrestriebe hinter dem zweiten Auge

ARBEITEN IM OBSTGARTEN

Pflanzen was geht!

- Pflanzen Sie noch Beerenobststräucher, Obstbäume (wurzelnackt).
- Setzen Sie jetzt wenn nötig Obstbäume um. Ideal wäre es, das Umpflanzen eines größeren Baumes mit Ballen schon ein Jahr vorher vorzubereiten. Dazu hebt man einen Graben um die Wurzel herum aus, etwa 10 cm breit und 40–50 cm tief, und füllt diesen mit guter Pflanzerde auf. Nun entwickelt die Pflanze ein Netz feiner Wurzeln in dem Graben. Im Spätherbst des Folgejahres gräbt man die Pflanze mit diesem feinen Wurzelwerk aus. Die neuen feinen Wurzeln können sofort ihre Funktion übernehmen und die Pflanze mit Wasser und Nährstoffen versorgen.

Vermehrung

- Wein und Beerenobststräucher (Rote und Schwarze Johannisbeeren oder auch noch Himbeeren) jetzt durch Absenker vermehren.

Kakibäume wachsen bei uns nur im Weinbauklima oder an einem besonders geschützten Standort. Die meisten späten Sorten tragen saure Früchte, die Säure verschwindet aber mit dem ersten Frost.

Sinnvolle Beschäftigungen

- Pflücken Sie vertrocknete Früchte von den Bäumen und lesen Sie die zu Boden gefallenen auf.
- Prüfen Sie das gelagerte Obst regelmäßig auf Schadstellen. Achten Sie auf Sauberkeit und lüften Sie so oft wie möglich.
- Beginnen Sie Ende des Monats mit dem Rückschnitt, erst die Kiwipflanzen, dann Apfel- und Birnbäume.
- Ernten Sie die sauren Kakis nach dem ersten Frost.

In der Kompostecke

DIE REIFEPRÜFUNG IM DEZEMBER

Nun, nach Abschluss der Kompostierung, muss man den Kompost ernten und verwenden.

Wie erkennt man, ob der Kompost gar ist?

Farbe: Braun oder schwarz, je nach verwendeten Ausgangsmaterialien. Ein hellbrauner oder grünlicher Kompost braucht noch Zeit, bevor man ihn verwenden kann.
Geruch: Garer Kompost riecht wie Unterholz. Wenn Sie einen unangenehmen Geruch bemerken, warten Sie noch mit der Ernte.
Aussehen: Wenn man die Ausgangsstoffe noch erkennen kann, dann haben sie sich noch nicht zersetzt. Einen noch nicht ganz garen Kompost kann man als Mulch unter Bäumen oder ausgewachsenen Sträuchern verteilen. Wenn der Kompost trocken

wirkt, dann gießen und unter Zugabe einer Schaufel fertigen Komposts oder Erde durchmischen. Die darin befindlichen Makroorganismen und allen voran Würmer sorgen für abschließende Reifung. Wird das Milieu zu trocken, stellen sie die Arbeit ein.

Was bedeutet Ton-Humus-Komplex?
Ein Regenwurm ernährt sich in erster Linie von den Abfallprodukten frischer Kulturen. Da er keine Zähne hat, schluckt er auch die Erde, die ihm zum Aufspalten der Zellulose und besseren Verdauung dient. Seine Eingeweide produzieren Glomalin, was die Lehmpartikel mit dem Humusteilchen „verklebt". Die Exkremente des Wurms in Form kleiner Häufchen (Turricula) sind eine eng verbundene Mischung von Pflanzenstoffen und Erde. Das ist der berühmte Tun-Humus-Komplex, der eine bedeutende Rolle für die Bodenfruchtbarkeit spielt.

1 Pflanze, viele Funktionen

ROBINIE: EIN BAUM FÜR ALLE FÄLLE

Im Mai liefert die Robinie überreichlich Nektar und Pollen für die Bienen, die daraus einen begehrten Honig machen. Er ist klar, flüssig und kristallisiert langsam. Der sehr konzentrierte Nektar ihrer Blüten besitzt einen Zuckergehalt zwischen 34 und 59 %.
Doch das Holz ist dank seiner zahlreichen Eigenschaften der noch größere Renner. An der Luft, ohne Bodenkontakt hat es eine Lebenserwartung von 60–80 Jahren; eingetaucht hält es 300–500 Jahre; geschützt im Trockenen bis zu 1000 Jahren! Ohne Behandlung von Fungiziden oder Insektiziden widersteht es Insektenangriffen (Bockkäfer, Termiten), Pilzen und Witterungseinflüssen dank zweier Moleküle: Dihydrorobinitin und Robinetin. Diese wirken gegen holzzerstörende Pilze, Insekten und Bakterien. Dadurch eignet sich Robinienholz besonders für Außennutzung, z. B. für Staketenzäune, Gitter, Schwimmbadbeläge, Gartenmöbel und Mobiliar im öffentlichen Raum. Die Flavone können beim Sägen, Bohren oder Schleifen freigesetzt werden und Schwindelanfälle verursachen. Robinienholz sollte daher nach Möglichkeit an der frischen Luft gesägt werden oder in einem Sägewerk mit nassem Schnitt.
Und zu guter Letzt gehört die Robinie zu den Hülsenfrüchtlern, die den Boden mit Stickstoff anreichern. Tatsächlich verwendet man sie zur Begrünung nährstoffarmer Böden und Brachflächen, zumal sie Trockenheit und Kälte verträgt und atmosphärischen Stickstoff binden kann.

Eine einzelne Robinienblüte produziert innerhalb von 24 Stunden einen Nektar mit einem schwankenden Zuckergehalt von 0,2–2,3 mg.

Nach 5–6 Jahren zeigen sich die ersten Nüsschen. Nach 10 Jahren bringt der Baum die maximale Ernte, die er bis zu einem Alter von 60 Jahren schenken kann.

Zusammensetzung von 100 g Haselnüssen (Samen)

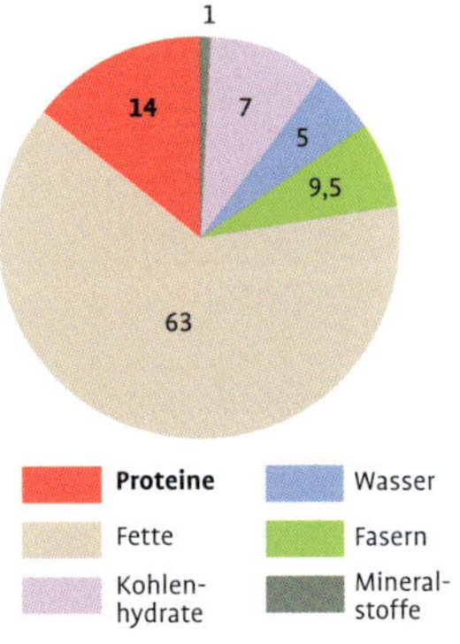

Hoch lebe die Haselnuss!

Die Haselnuss zählt zu den Nüssen mit dem höchsten Gehalt an Omega-3-Fettsäuren (cholesterinsenkend). Sie ist auch reich an Vitamin E, was das Immunsystem anregt, und enthält Magnesium gegen Stress und Müdigkeit, außerdem Mangan, Kupfer, Eisen, Vitamin B1, Phosphor, Zink und Pantothensäure.

Grüne Proteine aus eigenem Anbau
HASELNÜSSE

Wissenschaftlicher Name: *Corylus avellana*
Familie: Betulaceae
Volksname: Haselnuss
Herkunft: gemäßigte Zone der nördlichen Hemisphäre, Europa, Kleinasien, Nordafrika
Bedingungen: Sonne oder leichter Halbschatten

Durchschnittlicher Ertrag: zwischen 1 und 6 kg Nüsse pro Jahr und Strauch

Das Perma +

Dieser Strauch bietet den meisten Nützlingen des Gartenbaus ein Zuhause und sichert damit den Ertrag. Er dient als Lebensraum für eine Insektenfauna, die nützlich für die angebauten Kulturen ist und ebenso viele räuberische und parasitäre Insekten einschließt wie Bestäuber. Er fördert die Artenvielfalt und trägt aktiv zur Stabilisierung des Ökosystems bei. Außerdem produziert er bereits früh in der Saison Pollen.

Haselnuss-Anbau

Der Haselstrauch ist einer der am leichtesten kultivierbaren Sträucher. Es handelt sich um eine Pionierpflanze, also eine der ersten Pflanzen, die eine kahle oder gestörte Fläche besiedeln. Dank ihres ausgeklügelten Wurzelsystems hält sie den Boden fest. Die Art eignet sich auch gut als Windschutz.

Sorten: Man wählt am besten ertragreiche Sorten wie 'Ennis' mit großen, länglichen, hellen Früchten aus oder 'Segorbe' mit rundlichen duftenden Früchten bzw. 'Webb's Prize Cobb' mit starkem Ertrag aber etwas weniger raumgreifendem Wuchs.

Pflanzung: Man pflanzt zwischen November und März. Wenn es in der Nachbarschaft keine weiteren Haselnusssträucher gibt, sollte man mehrere Sorten setzen, damit eine erfolgreiche Bestäubung erfolgt.

Pflege: Man schneidet nur alte Äste heraus, die kaum noch etwas tragen. Lassen Sie etwa 15 schöne Äste stehen.

Lust auf Ungewöhnliches
BLAUE HECKENKIRSCHE

Wissenschaftlicher Name: *Lonicera caerulea* var. *kamtchatica*
Familie: Caprifoliaceae
Volksname: Blaue Heckenkirsche, Maibeere, Honigbeere, Sibirische Blaubeere
Herkunft: Sibirien
Bedingungen: Sonne, im Süden auch Halbschatten. Ist extrem winterhart, verträgt aber keine Trockenheit und keinen Kalk im Boden. Bevorzugt neutralen bis sauren Boden.
Mittlerer Ertrag: 1,5–3,5 kg pro Strauch, beginnt nach 3 Jahren in Kultur reichlich zu fruchten.

Maibeeren kann man roh verzehren, sie schmecken aber in anderer Form besser: als Marmelade, Gelee, Fruchtsaft oder im Kuchen. Gekochte Früchte färben sich schön mahagonirot.

Das Perma +
Die Maibeere ist eine Zusatzkultur voller Vitamine. Sie ist sehr winterhart und kann in einer Gilde, in einer Hecke oder als Einzelstrauch angebaut werden. Sie wird zwischen 80 und 250 cm hoch und wächst je nach Art 120–180 cm in die Breite. Mit ihren Blüten lockt sie zahlreiche Bestäuber an und die Beeren kann man zu Marmelade einkochen oder trocknen. Sie blüht im März und die Beeren reifen im Mai. Länglich, blau und fleischig, können die Beeren bei manchen Züchtungen bis zu 4 cm lang werden. Sie schmecken bei Vollreife ähnlich wie Preiselbeeren.

Maibeeren-Anbau
Pflanzung: In einen an organischen Stoffen reichen Boden, mäßig durchlässig und tief, der im Sommer frisch bleibt. Diese Heckenkirschenart fürchtet trockene Böden mit dünner fruchtbarer Schicht und reagiert empfindlich auf Umpflanzung. Setzen Sie im Container gezogene Pflanzen. Es gibt Dutzende von Sorten, einige beanspruchen mehr Platz als andere. Da die Blüten nur schwach selbstbefruchtend sind, sollte man für eine günstige Befruchtung vorsorglich mehrere Sorten pflanzen.

Schnitt: Maibeeren setzen die Früchte an den 2 Jahre alten Trieben an. Man führt daher keinen Schnitt zur Fruchtentwicklung im engeren Sinne durch. Schneiden Sie die Pflanze nur in Form, indem sie 5–7 Hauptäste pro Stock auswählen und die Mitte des Strauchs licht halten.

Für die Gemeinschaft
Kämpfen Sie gegen die Aufsplitterung von Lebensräumen unserer Fauna durch die Einrichtung von Biokorridoren. Dadurch können die Arten von Garten zu Garten gelangen und sich ohne genetische Isolation vermehren, was ein bedeutender Faktor gegen Degeneration ist. Als Korridore dienen Löcher am Fuß der Hecken für die Igel, Tunnel für die Kröten, durchgehende Hecken für die Insekten und Vögel sowie Äste, die von einem in den anderen Garten ragen.

Wie wäre es mit einem Warmbeet?

Das Warm- oder auch Mistbeet ist eine nachhaltige Alternative zum elektrisch beheizten Anzuchtkasten oder Gewächshaus. Es ermöglicht uns ab Mitte Februar die Anzucht von frühem Gemüse, ohne noch länger auf den Frühling warten zu müssen.

Was ist ein Warmbeet?

Dabei handelt es sich um die optimale Kompostierung organischer Stoffe, so dass genug Wärme entsteht, um eine Lage Erde einige Wochen vor dem Frühlingsbeginn zu erwärmen. Ideal wären ein Haufen frischer Mist und Pflanzenabfälle zur Aktivierung des Zersetzungsprozesses. Am besten Pferdemist verwenden, weil er sich gut erhitzt und die Reiterhöfe ihn unweit der Städte und Gemeinden reichlich produzieren. Obenauf bedeckt man den Mist mit einer feinen Schicht Pflanzenerde, in die man einsät oder pflanzt – auf der wärmenden Schicht. Sie können gut gegarten und gesiebten Kompost oder die Erde aus dem Garten dazu verwenden. Seitlich isoliert man das Beet mit Strohballen, obenauf wird eine Glasscheibe gedeckt und diese in der Nacht mit Strohmatten geschützt.

Wozu das Warmbeet?

Die Hitze wird gratis und nachhaltig erzeugt. Man setzt es aus 3 Gründen auf:

- Anzucht von Pflanzen, wenn man kein Gewächshaus oder nicht genug Platz im Gewächshaus bzw. Haus hat (im Haus ist es im Allgemeinen nicht hell genug und zu warm). In diesem Fall setzt man die Kulturen direkt auf das Warmbeet, die abgegebene Temperatur genügt.
- Vortreiben im Frühling, um Frühgemüse zu produzieren.
- Das Warmbeet ist ideal zum Anbau von vielzehrendem Sommergemüse (Melone, Lauch, Paprika, Tomaten, Zucchini usw.) Es bildet einen exzellenten, satten Kompost, in den man die Gemüse einpflanzen kann.

Warmbeet – mit täglicher Kontrolle

- Die Temperatur muss überwacht werden.
- Der Deckel muss geöffnet werden, sobald die Sonne scheint, weil die Temperatur sehr schnell ansteigen könnte. Abendliches Schließen keinesfalls vergessen und ggf. in kalten Nächten mit Strohmatten bedecken.

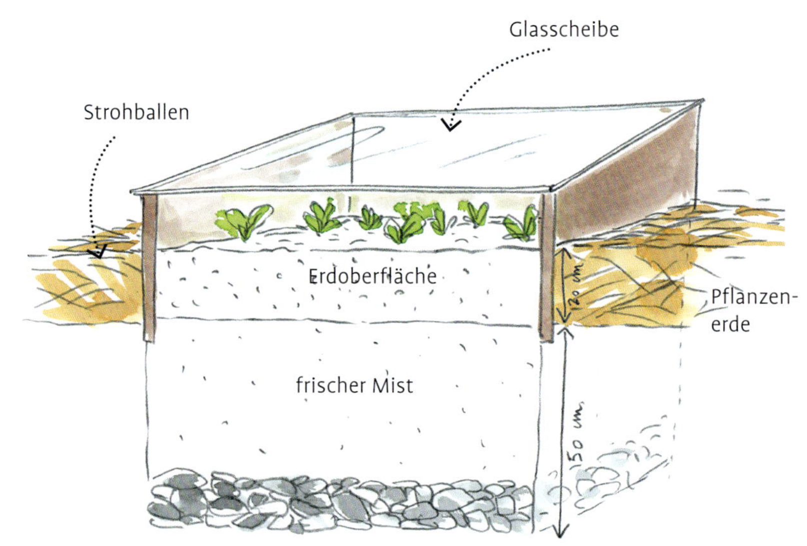

Bei den frühen Gemüsen kann man mit Kohlrabi, Spinat, Mangold, Wintersalat oder Chicorée beginnen. Im Laufe der Saison folgen Erbsen, Zwiebeln, Möhren, Perlzwiebeln.

Anlage des Warmbeets

Sie sollten sich zuerst überlegen, ob Sie das Warmbeet eingraben oder nicht. Eingraben bedeutet seitliche Wärmeisolierung. Man muss sich allerdings bücken! Sehen Sie selbst! Zum Eingraben hebt man ein Loch von mindestens 30–80 cm Tiefe aus, je nach Ambition.
Beschaffen Sie sich ein Kompostthermometer und eine alte Fensterglasscheibe.

- Wenn Sie es nicht eingraben wollen, bauen Sie einen Kasten oder Rahmen von 80–100 cm Höhe aus Holz, indem Sie Folgendes aufstellen: Bretter, Hohlblocksteine und Strohballen. Passen Sie die Größe an die vorhandene Scheibe an.
- Darin verteilen Sie 50 cm hoch den frischen, stark strohhaltigen Mist (2/3 Stroh und 1/3 Mist), gemischt mit Gras, Rasenschnitt. Etwas andrücken.
- Isolieren Sie die Bretter außen rundum mit Strohballen.
- Gießen Sie den Mist, jedoch nicht zu stark.
- Obenauf verteilen Sie eine 10 cm dicke Lage Pflanzenerde (oder feine Erde gemischt mit reifem, gesiebtem Kompost).
- Legen Sie eine ausgediente Glasscheibe auf den Beetkasten.
- Nach 8–10 Tagen steigt die Temperatur des Mists auf 60 °C und mehr an. Das ist der Startschuss. Danach sinkt die Temperatur wieder ab. Sobald sie 25 °C erreicht hat, beginnt man mit dem Bepflanzen. Die Wärme erhält sich etwa 1–2 Monate.

Pferdemist ist ideal. Er muss aber unbedingt frisch sein. Das Warmbeet am Anfang unbedingt wässern und nach der Bepflanzung weiterhin gießen. Wichtig ist, dass das Volumen des Mist-Stroh-Gemischs groß ist und die Erhitzung dadurch in Gang kommt.

Und wenn man keinen Mist hat?

Nicht jeder kann sich Pferdemist in der Nachbarschaft holen. Man kann ihn durch Holzhäcksel gemischt mit Brennnesseljauche (reich an Stickstoff) ersetzen. Sie erwärmen sich ebenfalls bei der Zersetzung mit demselben Ergebnis wie der Mist.

Wie funktioniert ein Wurmkompost?

Wurmkompost ist eine Bezeichnung für das Ergebnis tierischer Arbeit, die verschiedene Wurmarten gemeinsam leisten.

Welche Würmer?

- *Eisenia andrei* (eine Regenwurm-Art): kräftig rot, liebt frische Materialien.
- *Eisenia foetida* (Kompostwurm): rot mit grauen oder gelben Streifen, liebt alles, was schon in Zersetzung übergegangen ist.

Fragen Sie einen Gärtner, der bereits einen Wurmkomposter besitzt, ob er Ihnen einige Pensionsgäste gibt. Oder sammeln Sie einige Würmer vom Kompost. Sie logieren in der „fauligen" Zone des Komposts.

Welcher Abfall als Futter?

Ja: Schalen, Obstreste; Pasta, ungewürzter Reis; zerkleinerte Stückchen von Papier und Pappe; getrocknete, zerriebene Eierschalen; Kaffeepulver und zerkleinerte Papierfiltertüten; Kartoffelschalen (in kleinen Mengen).

Nein: Reste von Zitrusfrüchten; Fleisch- und Fischreste; Salat mit Essigsoßen; Knoblauch-, Zwiebel- oder Schalottenreste; tierische Exkremente.

Was macht man mit dem Wurmkompost?

Das Kompostwasser ist in der Verdünnung 1:10 ein guter Flüssigdünger. Fertiger Kompost aus dem Wurmkomposter kann auch als Dünger genutzt werden. Man sollte ihn aber nicht überdosieren. Mischen Sie ihn im Verhältnis von 5–25 % unter Ihre Pflanzenerde.

Mögliche Probleme

Problem	Ursache	Problemlösung
Mücken	Das Milieu ist nicht im Gleichgewicht: zu viel organische Nahrung. Der Wurmkomposter ist nicht richtig verschlossen.	Kohlenstoffhaltige Nahrung zugeben (Zeitungspapier, P11appe) gut verschließen
Fäulnisgeruch, kein Waldboden-Geruch	zu viel Nahrung	Nahrungsmenge reduzieren
Ammoniakgeruch	zu viel frisches Material (stickstoffreich)	Zeitungspapier, Pappe zugeben
Schwefelgeruch	Zu nasser Abfall, führt zu Sauerstoffmangel am Grund des Komposters.	Zeitungspapier, Pappe zugeben; Deckel einen Spaltbreit öffnen und zeitweise die Zufuhr verringern
Würmer klettern an den Innenwänden empor	zu nasser Abfall	Zeitungspapier, Pappe zugeben; Deckel leicht öffnen und zeitweise die Zufuhr verringern; Eierschalen zugeben
Auftreten von kleinen weißen Würmern (Maden)	Milieu zu sauer	Zeitungspapier, Pappe, getrocknete Eierschalen zugeben; die Würmer mit einer Falle aus feuchten Brotkrumen einfangen

1 Stellen Sie den Wurmkomposter im Haus bei ca. 15–25 °C auf. Mischen Sie fein zerrissene, angefeuchtete Zeitungsseiten und Pappe. Geben Sie die Würmer hinzu und warten Sie einige Tage, bis die Würmer sich daran gewöhnt haben. Decken Sie alles mit einem alten Tuch zu, um es dunkel und feucht zu halten.

2 Dann „füttern" Sie Schalen mit etwas Sand und Erde. Fügen Sie eine kleine Menge Zeitungspapier- und Pappkartonschnipsel hinzu. Das Stickstoff-Kohlenstoff-Verhältnis ist dabei bedeutend. Man braucht etwa drei Viertel stickstoffhaltiges Material (organische Abfälle) auf ein Viertel kohlenstoffhaltiges Material (Papier, Kartons).

3 Geben Sie fortlaufend fein zerkleinertes Material hinzu. Steigern Sie den Rhythmus und die Menge schrittweise. Der Kompost kann nach 3–6 Monaten geerntet werden, sobald sich das Material ganz zersetzt und eine braune Farbe angenommen hat.

4 Entnehmen Sie die Kompostflüssigkeit auf der einen Seite und den Wurmkompost auf der anderen, bereiten Sie dann einen neuen Kompostansatz vor und geben Sie die Nahrung in den oberen Behälter. Die Würmer wandern im Laufe von 2–3 Wochen in den Behälter mit den für sie günstigeren Bedingungen.

NÜTZLICHE ADRESSEN

Kräuter, Stauden, Gemüse (z.T. in Bio-Qualität)

- www.bio-kraeuter.de
- www.dehner.de
- www.naturkraeutergarten.de
- www.lichtenborner-kraeuter.de
- www.allgaeustauden.de
- www.biogartenversand.de

Bienenfreundliche Pflanzen

- www.waschbaer.de
- www.baumschule-horstmann.de

Obstbäume und Beerensträucher

- www.baumschule-horstmann.de
- www.lubera.com
- www.pflanzenhof-online.de
- www.gartencenter-shop24.de
- www.gruener-garten-shop.de
- www.as-garten.de
- www.pflanzmich.de

Saatgut

Deutschland

- Bingenheimer Saatgut (www.bingenheimersaatgut.de)
- Dreschflegel (www.dreschflegel-saatgut.de)
- Samenbau Nordost (www.samenbau-nordost.de)
- www.manufactum.de
- VERN, Verein zur Erhaltung und Rekultivierung von Nutzpflanzen in Brandenburg (www.vern-ev.de)
- VEN, Verein zur Erhaltung der Nutzpflanzenvielfalt (www.nutzpflanzenvielfalt.de)

terreich

- Arche Noah (www.arche-noah.at)
- ReinSaat (www.reinsaat.at)

Schweiz

- Pro Specie Rara (www.prospecierara.ch)
- Sativa Rheinau (www.sativa-rheinau.ch)
- Samengärtnerei Zollinger (www.zollinger.bio)

Niederlande

- De Bolster (www.bolster.nl)

Pflanzkartoffeln

- Bioland Hof Jeebel (www.biogartenversand.de)
- Ellenberg's Kartoffelvielfalt (www.kartoffelvielfalt.de)

Jauchen, Brühen, Extrakte

- www.bloomling.de
- www.greenist.de
- www.andermatt-biogarten.de
- www.lubera.com

Austernpilz-Impfdübel

- www.shii-take.de
- www.dikarbion.eu

Werkzeuge und Gartengeräte

Grelinette

- www.terrateck.com

Wurmkomposter und Kompostwürmer

- www.wurmwelten.de
- www.natursache.de
- www.bloomling.de
- www.andermatt-biogarten.de
- www.wurmkiste.at

Verbände

- Der Verband der Gartenbauvereine in Deutschland (VGiD), die Dachorganisation der Obst- und Gartenbauvereine in Deutschland, setzt sich für die Erhaltung der Gartenkultur und die Pflege der Kulturlandschaft ein. Er ist ein wichtiger Fürsprecher des Freizeitgartenbaus und Partner der Freizeitgärtner.
- Die Deutsche Gartenbau-Gesellschaft, älteste deutsche gärtnerische Vereinigung, sieht sich heute als Dachverband der grünen Vereine, Vereinigungen, Verbände und Interessengemeinschaften in Deutschland und will durch Zusammenarbeit möglichst vieler Gleichgesinnter die Bedeutung des „Gärtnerns um des Menschen und der Natur willen" gegenüber Gesellschaft und Politik stärken.
- Ortsvereine der Obst- und Gartenbauvereine (OGV)

Nützlingszüchter

Deutschland

- Biofa (www.biofa-profi.de/de/nuetzlinge.html)
- e-nema (www.e-nema.de)
- Katz-Biotech (www.katzbiotech.de)
- Koppert Deutschland (www.koppertbio.de)
- Neudorff (www.neudorff-nuetzlinge.de)
- ÖRE Bio-Protect (www.oere-bio-protect.de)
- re-natur Biologischer Pflanzenschutz (www.re-natur.de/shop/pflanzenpflege- und-schutz/biologischer-pflanzenschutz.html)
- Sauter & Stepper (www.nuetzlinge.de)

Schweiz

- Andermatt Biocontrol (www.biocontrol.ch)

Österreich

- Biohelp (www.biohelp.at)

REGISTER

Bildnachweis

Alle Zeichnungen: Maëlle Le Toquin.
Titelfoto: Apfelblüte oben links: Flora Press/Mandy Bradshaw; Mangold oben rechts: Flora Press/Kubacsi; Äpfel unten links: Flora Press; Lauch unten rechts: Flora Press/Andrew Lawson
Adobe Stock: Seiten 5, 7 ou, 8, 9, 10 o, 10 u, 11, 12, 13, 14, 15, 19 o,19 u, 21 o, 21 u, 22 o, 22 m, 22 u, 23, 24, 27 l, 27 r, 31 o, 31 u, 33 o, 33 u, 34 o, 34 u, 35, 36, 37 o, 37 u, 39, 45 o, 45 u, 47 o, 47 u, 48 o, 48 u, 50, 51, 52, 54 o, 54 m, 54 u, 55 o, 55 m, 55 u, 57 o, 57 u, 58, 59 o, 59 u, 60, 61, 62, 63, 64, 65, 69 o, 69 u, 70, 71 o, 72 u, 73, 74, 75, 76, 77, 81 o, 81 u, 82, 83 l, 83 r, 86, 87, 88, 90, 93 o, 93 u, 94, 96 u, 97, 98, 101 ol, 101 om, 101 or, 101 ml, 101 mm, 101 mr, 101 ul, 101 um, 102, 103, 107 o, 107 u, 109 o, 109 u, 110 o, 111, 112, 113, 115 ol, 115 mm, 115 mr, 115 ul, 115 um, 115 ur, 117 l, 117 r, 118 l, 118 r, 121 o, 121 u, 122, 124 o, 124 u, 125 l, 125 ro, 125 ru, 126, 127, 129 ol, 129 or, 129 ul, 129 ur, 133 o, 133 u, 134, 135 o, 135 u, 136 o, 136 u, 139, 143, 145 o, 145 u, 146, 147 o, 147 u, 148 o, 148 u, 149, 150, 151
Bios: Seiten 20, 32, 115 or
Philippe Collignon: S. 114
Flickr: Seiten 46 (VLCinéaste), 101 ur (Jacques Mignon)
GAP photos: Seiten 2, 6, 18, 30, 40, 42 l, 42 r, 44, 56, 68, 72o, 80, 92, 106, 120, 132, 144
Antoine Isambert: Seite 71
I-Stock: Seiten 49, 95 o, 95 u, 96 o, 99, 108, 110, 115 om, 115 ml, 123 o, 123 u, 137, 138, 153 o, 153 u
Shutterstock: Seiten 9 u, 25
Ina Vetter: Seite 100

Über die Autorin

Schon in jungen Jahren war Catherine Delvaux vom Gemüseanbau fasziniert und wurde schließlich Agraringenieurin. Sie arbeitet als Chefredakteurin eines französischen Gartenmagazins und ist Autorin zahlreicher Gartenbücher.

Bibliografische Information der Deutschen Nationalbibliothek
Die Deutsche Nationalbibliothek verzeichnet diese Publikation in der Deutschen Nationalbibliografie; detaillierte bibliografische Daten sind im Internet über http://dnb.d-nb.de abrufbar.

Die französische Originalausgabe erschien unter dem Titel Delvaux, La permaculture mois par mois
© 2020 Les Éditions Ulmer, Paris.
www.editions-ulmer.fr

© 2021 Eugen Ulmer KG
Wollgrasweg 41, 70599 Stuttgart (Hohenheim)
E-Mail: info@ulmer.de
Internet: www.ulmer.de
Übersetzung: Sabine Hesemann
Lektorat: Sabine Drobik, Helen Haas
Herstellung: Judith Schumann
Umschlag-Gestaltung: Michaela Mayländer, www.sistermic.de
Satz: r&p digitale medien, Echterdingen
Druck und Bindung: Pustet, Regensburg
Printed in Germany

ISBN 978-3-8186-1341-9